U0337401

让你年轻十岁的

美肌书

我最想要的
美肌书

于晓燕 著

黑龙江科学技术出版社

图书在版编目（ＣＩＰ）数据

让你年轻十岁的美肌书 / 于晓燕著. —— 哈尔滨:
黑龙江科学技术出版社，2014.3
ISBN 978-7-5388-7832-5

Ⅰ. ①让… Ⅱ. ①于… Ⅲ. ①女性－皮肤－护理－基本知识 Ⅳ. ①TS974.1

中国版本图书馆 CIP 数据核字(2014)第 041721 号

让你年轻十岁的美肌书

RANGNI NIANQING SHISUI DE MEIJISHU

主　　编　于晓燕
责任编辑　焦　琰
封面设计　灵　雪
出　　版　黑龙江科学技术出版社
　　　　　地址：哈尔滨市南岗区建设街 41 号　邮编：150001
　　　　　电话：（0451）53642106　传真：（0451）53642143
　　　　　网址：www.lkcbs.cn　www.lkpub.cn
发　　行　全国新华书店
印　　刷　北京市通州兴龙印刷厂
开　　本　787 mm × 1092 mm　1/16
印　　张　16.5
字　　数　200 千字
版　　次　2014 年 5 月第 1 版　2014 年 5 月第 1 次印刷
书　　号　ISBN　978-7-5388-7832-5/Z·1191
定　　价　32.00 元

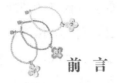

前　言

《我最想要的美肌书》，是一本为女性朋友们提供翔实而科学的美肌信息的书，通过本书的阅读可以帮助众多女性朋友解决护肌护理过程的难题。不管你芳龄几何，通过阅读本书，你会变得更加美丽出众、气质优雅且性感动人。通过阅读本书，年龄不会给你的容颜留下岁月的痕迹，但同时却会赋予你全新的智慧和美丽。

没有美丽的人生是空虚的

对于女人而言，没有美丽的人生是空虚的。所以，每一个女人都不能允许自己宿命地接受老丑的来临。

现在的女性莫不在孜孜不倦地追求着美丽的容颜。在理想的世界里，我们可以不去计较外貌，率性而为。然而在现实世界里，很多人往往会以貌取人。出门在外，我们都很欣赏美丽的人。不论男女，不分年龄，漂亮的人无疑是靓丽市容的一部分，但在这样快节奏的生活中要满足我们对美丽的追求可不是一件容易的事儿。当我们整日奔波于工作、家庭、社会活动、旅行及健身时，你似乎不得不放弃些什么。但是，我们必须得花足够的时间在美肌护理上。

有人说，世界上最美丽的服饰也比不上自身美丽的肌肤，平滑、细腻、光洁，富有弹力的肌肤在视觉上可以传递美好、善良和愉悦；粗糙、灰暗、有色斑和凹凸不平的肌肤会给人负面的感觉，甚至让人产生距离感和排斥心理。每一个为了美丽而不遗余力的女人，任何年龄都希望自己的美丽容颜永不打烊。我们都渴望自己永远处于一种"精装版"的状态，要让别人看你比实际年龄年轻10岁，而不要让别人看你比实际年龄大1岁！

女人的保养是一门大学问

女人的保养不单单指外在的保养，内部的调理也很重要，女人要学会从内而外、从头到脚地保养自己。女人的保养是一项终身工程，不可能保养一阵子就能延续终身，"没有丑女人，只有懒女人"，这是无法推翻的真理。作为女人，只要找到适合自己的保养方法，再加上耐心、恒心，才能让成熟的美丽悠然绽放，历久弥香。一个懂得保养的女人，一定是懂得享受生活的女人。

女人都在不断地追求着美丽。有的女人天生丽质，出生就是美人坯子，她们在一开始就占据着美丽的优势。而少了先天优势的女人，就要靠后天的努力了，比如养颜美体、调理饮食等。通过这些努力，她们也会美丽起来。这种经过后天努力而得来的不只是美丽，还有修养和气质。

美丽健康的肌肤，是每一个女人都想拥有的。作为女人，要学会保养自己，在平日里要有意识地调理自己的身心，学习和积累有益的美肌经验。这样，你才会越来越美丽，越来越健康，才会轻松快乐地生活。

目　录
COMTENTS

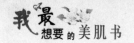

第三章　洁肤第一步——粉嫩美人洗出来

第四章　美丽的痛，拯救频频触礁的肌肤

第五章　美肌保湿，做一朵水润玫瑰

第六章　手足有措，美肌达人的迷人光彩

第七章　叶绿喜人，花香勾魂，花言草语驻容颜

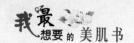

第一章

对话肌肤，感知肌肤的脉搏

你了解自己的肌肤吗？你属于什么性质的肌肤？你想了解它吗？要知道，我们的肌肤并不是一成不变的，它会随着我们的年龄、生活环境及季节的变化而变化。我们必须给皮肤多一些呵护、关爱和保养，因为皮肤是女人最美丽的外衣。

❁ 你了解自己的皮肤吗？

经常会听到身边的女性朋友们抱怨，家里大大小小瓶瓶罐罐堆了不少，但为什么自己的脸上还是没有任何改善呢？其实我们每个人都差不多遇到过这样的问题，觉得自己花费在保养品上的钱全都白砸了。与其不停地抱怨护肤品，还不如静下心来仔细想想，你有没有用心了解过自己的肌肤，是否知道它们的状态和需要，如果不能"对症下药"，何来"药到病除"之说呢？

皮肤类型测试

1.洗完脸后半小时，假如脸上没有涂抹任何产品，你会觉得

A. 非常粗糙，出现皮屑

B. 仍有紧绷感

C. 能够迅速恢复润泽感

D. 脸像镜子面那样，简直可以反光

2.中午的时候，你的脸常常会感到

A.紧绷，轻度发干或蜕皮

B.既不干，也不油，没什么太大感觉

C.T字区有点油腻

D.不洗脸就活不下去了

3.上妆后2～3小时，你的妆容看起来

A.出现干纹和皮屑

B.妆容仍然完好

C.部分脱妆

D.需要马上补妆，差不多已经完全脱妆

4.站在镜子前，你的毛孔

A.脸上很光滑，根本没有毛孔

B.挺小的，不注意根本看不见

C.鼻头上有一些黑点

D.很明显，照镜子时就想死

5.青春痘

A.很少生或根本没生过

B.只有在生理期或者身体不舒服的时候才会生这痘痘

C.额头上会生，别的地方很少生

D.满脸都会生啊，还留有很多痘疤做纪念

| A=1分 | B=2分 | C=3分 | D=4分 |

10～15分 中性肌肤

你属于人人都会羡慕的中性肌肤，不油不干，水水润润。不过千万不要仰仗自己天生皮肤好就不注意保养而"胡作非为"。否则的话，你天生的"好资本"很快就会被你利用完。到时候可是后悔都来不及啊！

●中性肌肤的护肤产品选择余地比较大，差不多任何质地的产品你都可以试一试，以自己擦上后觉得舒服最好。

适度去角质。但也要慎用磨砂类产品，以防肌肤变敏感。

不要过度使用保养品，以免堵塞毛孔。

15～20分 油性或偏油性肌肤

很痛苦吧，洁面不到半天，整个脸就又油光锃亮了。擦护肤品怕闷、不舒服，擦彩妆品怕脱妆，反而更加尴尬。但其实，充足的油脂可以让肌肤不容易老化。这可是油性肌肤天生所具备的优势。只要适度地控油和补水，油性肌肤也不一定会很难受的。

用自己感觉清爽透气的乳液或者啫喱状的护肤品，但一定不要因为感觉不舒服而不用护肤品。可适度使用带有酒精的化妆水，尤其是在闷热的夏天。

脸部多油可能正是肌肤缺水的表现，所以油性肌肤也要多多注意保湿。

不要过度控油并依赖吸油面纸，这样反而会刺激你的皮脂腺更快分泌油脂。

每周要进行一次毛孔大扫除，千万不能偷懒。

如果时间允许的话，可以到专业的美容院做皮肤测试。

你是不是豌豆公主？

1. 你的家族是否有敏感体质遗传史？

    A. 有   B. 没有

2. 长期处于不通风的室内，皮肤会发红、发热吗？

    A. 有   B. 没有

3.一晒太阳，脸就发红、发肿，经久不退？

    A.有   B.没有

4.每次换季，总会出现脱皮或痒的症状？

    A.有   B.没有

假如绝大多数的问题你选的都是"A"，那么，你就是传说中的豌豆公主。这类肤质的女性朋友肤色明显偏白，表皮薄且脆弱，一遇到过敏原马上就会出现强烈的反应，又红又热，阵阵发痒，严重时甚至会出现蜕皮或粒状丘疹，非常痛苦。对付这样的皮肤，你需要学习一些特别的小技巧。

对于敏感性肌肤，在选用护肤品之前，更要留意护肤品的成分。慎用含有皂荚的洁面产品和含有酒精、香料或有果酸的产品。

对于非常敏感的肌肤来说，你对它的任何一个动作都要轻柔，且时间不宜太长。

破解肌肤"皱"语

《黄帝内经》中说："四七，筋骨坚，发长极，身体盛壮；五七，阳明脉衰，面始焦，发始堕。"女性的衰老周期为7年。所以，28岁是女性的顶峰年龄，28岁以前一直往上走，过了28岁就开始往下走了。这意味着，35岁阳明脉衰，再美的女性也要开始出现皱纹等肌肤小问题了。

2010年春晚，有一个小品是说整容的，剧中的那位妻子整完容后不敢笑，笑的时候，必须得用手撑着自己的面颊，否则大笑之后，整容后的面颊会裂开。当她笑的时候，让人不禁感到毛骨悚然，比哭还难看。她把人类最自然的表情演艺到这种程度，也算是极致了。

这个小品也从侧面展示了，女人都是疯狂地追求美的。虽说相貌本身没有美丑之分，但它却是展示于外人面前的第一张"名片"。正如美国总统林肯说过的："过了40岁，一个人就应该对自己的相貌负责。"

而大家都知道，随着年龄的增长、生活的磨炼、自然界的污染，我们的面部会渐渐记录下岁月的痕迹。那么面对这个可怕、严峻的问题，我们真的束手无策吗？其实也不尽然。

从理论上说，《黄帝内经》将人的生理机能以7年为一阶段，28岁，生长速度归零，身体发育却达到了极致，骨骼坚实，筋脉柔顺，美丽却不失端庄，不再是年少青涩的疯丫头了，而是成熟有内涵的女人了，可以说是女人兼具成熟魅力与天真性情的最佳阶段。

到了35岁以后，女性由于内脏供应头面的气血衰退，致使面部开始憔悴。这一时期的女人们正处于家庭事业的十字路口，繁忙、疲劳、压力一起涌来，而娇嫩的皮肤又怎能抵挡得住风雨的摧残呢？于是，眼角多了些皱纹，面部越来越暗，头发开始脱落，身体越来越臃肿……所以说，女性在25～28岁左右就应该开始积极注意养颜防衰，延缓自然规律带来的衰老。

根据我的观察，我可以毫不过分地说，现在很多年过30的女性，已经出现了中医上称为"损容性"面部特征了。比如说皱纹，斑点，黑眼圈，眼袋，法令纹，脸颊下垂，皮肤粗糙，等等。

任何一个女人都会谈"皱"色变，敢问谁愿意自己的脸上长满五线谱呢？但是，你知道这些令自己恐怖的皱纹是怎么爬到脸上的吗？

具体说来有四点：一是因为平时表情比较丰富，或者经常有用手托着脸等不好的动作；二是因为心事很重，心情长时间得不到改善，就容易出现皱纹；三是酸性体质，也就是体质不大好；四是没有及时给予皮肤充分的保湿。

向皱纹发起猛攻

而在对付面部各种皱纹上，很多女性都有自己的法宝：什么具有提拉紧致功能的抗皱霜，神奇祛皱面膜，抚平皱纹啫喱，等等。当然，不能说这些东西在对抗皱纹上没有效果，但它们毕竟都是些化学制成品，或许起不到治本的作用。我个人认为，对抗皱纹除了做好保湿、防晒的基础保养外，平日的按摩更是忽视不得。只要我们有耐心、有恒心、有信心，学会一些祛皱的按摩方法，脸上随处可见的皱纹定会消失在我们的手里。

下面我为女性朋友们提供几个简单的按摩方式，让你轻松预防并告别表情纹的困扰。

嘴角皱纹预防：运用中指和无名指指腹，由下往上以画圆的方式按摩，做3～5次。

眼尾皱纹预防：先用一手将眼尾轻轻向外拉平，另一手的无名指沿着眼尾处以画圈方式按摩。

眉心皱纹预防：运用中指指腹沿着眉心由下往上，交叉按摩。

额头皱纹预防：运用手掌掌腹，沿着额头由下往上轻抚。

另外，随着年龄的增长，睡眠不足会影响细胞的新陈代谢，致使面部出现皱纹，所以在保养与按摩之外，绝对要掌握睡觉的黄金时间，例如晚上10点到凌晨2点，就是所谓的美容觉时间。这个时段是细胞进行修护、新陈代谢的最好时间，如能好好休息，绝对可以迅速让你恢复昔日的美丽容颜。同时，按摩完之后一定要加强保湿，多使用保湿水，保湿面膜等。

女性年龄增大后嘴角容易下垂怎么办？

面部肌肉练习是美国的一种美颜法，我们面部一共分布着57条肌肉，它们和身体一同成长、老化，但是只要用科学的方法有效地锻炼相应的面部肌肉，同样可以拥有明亮的眼睛和尖尖的小下巴，甚至连皱纹和笑纹都会变淡、消失。

1. 双手托住下腭，张嘴大声说"a、i、u、e、o"，注意嘴形尽量夸张。

2. 双手掌轻轻向上提升嘴角，同时说"a、i、u、e、o"。

3. 将双手移至两颊，大声说"a、i、u、e、o"。

4. 双手置于鬓角，轻压太阳穴，大声说"a、i、u、e、o"。

❋ 宅女的肌肤修护计

　　每个女人都想做宅女，因为宅女的好处大大地有。可以不化妆，穿睡衣，而且想吃就吃，想睡就睡，爱赤脚就赤脚。总之就是随心所欲。

　　杨小姐就是那种大家都很羡慕的自由撰稿人，时间完全由自己来支配。每天盘坐在电脑前N多个小时，一天24小时地挂着QQ、MSN，几乎可以一周不出门，绝对是"宅女一族"。甚至周末也不出去玩，假期的多数时间，也都是在家睡觉上网。

　　她说自己在以前也不怎么护肤的，可是电脑用多了，皮肤就变差了，脸色苍白无血色还带点黄，很容易造成黑眼圈、肤色暗沉等皮肤问题。虽说不经常出去玩，可是她还是一个很爱美的人，她对我说："做宅女，打扮不必精致，但也决不是蓬头垢面！"

　　虽说彩妆能补救些，但是假的东西终究是假的。我们需要的是自然地流露，就算在家里，女人也应该好好照顾自己啊。不是没人看到就不必美丽。因为喜欢自己、善待自己，才是宅女的真谛所在。

　　《黄帝内经》素问篇的上古天真论里讲道："上古之人，其之道者，法于阴阳，和于术数，食饮有节，起居有常，不妄作劳，故能形与神俱，而尽终其末年，度百岁乃去。"良好的作息时间和饮食规律是美女们美肤养颜的天然护肤品，无需浪费太多精力，无需花费太多金钱，只要你能做到，你就会变成大美人。

　　一定要珍视"洗"的过程

　　整天面对电脑直接影响肤色。电脑的辐射，会导致皮肤水分迅速流失，让肤色看起来晦暗无光；荧光屏上的大量灰尘，还会吸附到皮肤上，堵塞了毛孔，肤色就更容易显得暗淡无光。洗脸这一环节就显得特别重要了！要勤洗脸，切忌偷懒，不洗脸，后果可是会很严重的。

　　洁肤控油，可以将静电吸附的尘垢通通洗掉，然后涂上温和的护肤品，久之可减少伤害，润肤养颜。

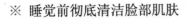

※ 睡觉前彻底清洁脸部肌肤

一天下来的辐射跟电脑屏幕上的灰尘，已经或多或少地摧残了你的肌肤，一定要将面部皮肤上的"垃圾"彻底清除掉。

※ 起床后洗脸是第一步

晚上可用温水洗脸，尽量将白天使用的护肤品、彩妆品及灰尘洗尽。但早上最好用冷水洗脸，因为这种方法可以促进面部毛细血管弹性，加强面部血液流动，从而逐渐增加面部红润。

有人说早上不必洗脸，这是一个大大的错误。皮肤经过一个晚上的呼吸、新陈代谢，脸上的油脂、废物等全部跑了出来，一定要经过彻底的清洗后才能涂抹护肤品。没经过清洁的脸，直接就涂护肤品会引起毛孔堵塞等问题，那后果可能就会很严重了。如果有充足的时间，安排在周末可以到美容院做深层清洁，把毛孔里的污垢彻底清除干净。

睡觉告别黑眼圈

女人上网，尽量不要超过晚上十点半点睡觉，要不然第二天就会出现很深的黑眼圈。要有节制地上网，在上网之后敷一片黄瓜片、土豆片或冻奶、凉茶。闭眼养神几分钟；或将冻奶凉茶用纱布浸湿敷眼，可缓解眼部疲劳，营养眼周皮肤。

饮食均衡，要抗辐射

※ 少食辛辣油腻，清淡养颜

肌肤保养的秘诀之一就是保持清淡的饮食，这样可以让肌肤更加健康，更加细腻。宅女多易胖，这是由于不规律的饮食所导致。节食减肥效果其实并不好，每天三餐正常吃，有规律地进食，清淡不油腻的饮食更有助于减肥。这样长期保持，皮肤就会变得水嫩，而且体重也会自然而然地降下来。

※ 科学摄入微量元素硒和补充维生素

微量元素硒具有抗氧化作用，含硒丰富的食物首推芝麻、麦芽，其次是酵母、蛋类，海产类有大红虾、龙虾、金枪鱼等，再次是动物的肝、肾等，大蒜、蘑菇含硒量也相当多。多吃以上食物可以增强人体对

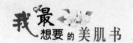

电磁辐射的抵抗能力。

※ 熬夜族也要保持完美肌肤

女人不得已熬夜时，也不要委屈自己的皮肤，让它和你的肠胃一起来为你的美丽加油。

喝水。熬夜时一定要准备充足的凉开水，以随时补充水分，因长夜漫漫，不喝够水对皮肤的损害极大。

美容水果和果汁。有几种水果及其混合而成的果汁不仅能够让夜猫子更有精神和精力，而且有益于皮肤保养。

适量的苹果、胡萝卜、菠菜和芹菜切成小块，加入牛奶、蜂蜜、少许冰块，用果汁机打碎，制成营养完全而且丰富的果蔬汁。

香蕉、木瓜和优质酸奶放在一起打碎，营养丰富而且能够补充身体所需的很多能量。

2个奇异果、4个橙子、1个柠檬所组成的新鲜果汁中含有丰富的维生素C，补充体能而且美容。

一定要擦上隔离霜

谁都知道，静电会使荧光屏吸附灰尘，而每天与电脑近距离接触，空气中的脏东西就会被吸引到皮肤上，使毛孔堵塞，导致斑点出现。所以对付脸色晦暗无光，建议女性朋友们在上网时，一定要记得擦上隔离霜，给皮肤作好保护。

给肌肤一两天自由呼吸的空间

一个星期，应该给自己的皮肤两天休息的时间，什么都不要擦，让皮肤好好呼吸。但是，睡前要彻底洁面，做好清洁工作。另外还要叮嘱宅女们，夏天如果要出门，一定要做好防晒，要不你细心呵护的肌肤就会被太阳毁掉。

做女人，要对自己有信心就好，只要有信心，人才会真正美丽。但自信并不是自恋，是要相信自己，这才是宅女们更该注意的事。

无瑕的皮肤最优质

　　姣好的容颜是提高身价的资本。每个女人都梦想拥有一张美丽无瑕的脸蛋，成为众人注目的焦点。因为纯洁无瑕的肌肤在任何时候都会让人看上去美不胜收。长着一张草莓脸，不仅在别人眼中不够美观，也会让自己不胜烦恼。要想拥有一个人人都羡慕的美好容颜，首先必须要消除脸上的斑点。像污点一样溅在脸上的斑点，是许多女人心中不能言说的痛。本来皮肤看起来很白皙，奈何就因为几块点状的雀斑或者黄褐斑，让整张脸看起来生气全无。想来就让人觉得郁闷。因为后天的不小心，产生的晒斑等还容易解决。最恼人的是先天遗传的斑点，像是烙印一样伴随一生，让人无比抓狂。烦恼啊，烦恼……究竟怎样才能和那些恼人的斑点彻底说拜拜呢？不用烦恼，让我们一起把斑点消灭吧！如果你脸上的斑点是后天形成的，这个完全不要紧，通过一些祛斑调理面膜就可以做到。至于先天性的遗传斑，相对来说，是比较麻烦啦！不仅需要从内部调理，必要时还要借助于现代科技，系统有效的祛斑，这听起来就够麻烦的。不过，要美丽，总得付出点代价啊！

细致毛孔的秘密

　　毛孔粗大的原因有很多。油性皮肤的人天生毛孔就比平常肤质的人要粗大些；皮肤清洁不彻底，污垢阻塞毛孔，会引起毛孔扩大；肌肤老化，老旧角质无法正常脱落，会导致毛孔粗大；用手挤青春痘、粉刺，过度刺激毛孔，也会引起毛孔粗大。如果你仔细观察，会很容易发现，那些皮肤好的女生，毛孔都比较细小。

　　毛孔粗大，妨碍肌肤健康是一方面；另一方面，看起来也不够美观。粗大的毛孔里易藏粉刺，不处理的粉刺又会加重毛孔粗大，形成恶性循环。因此，细致毛孔才是美肌的关键。缩小毛孔迫在眉睫。缩小毛

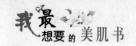

孔首先要解决掉粉刺和暗疮等问题。满脸的痘痘是青春的甜蜜烦恼，在旁人和自己眼中都是不忍细观的。很多人总忍不住在它们初露苗头时就想把它们扼杀在摇篮里，初衷当然是好的，只是太过于心急了，搞不好的话，很容易在脸上留下疤痕，那可就不太妙了。要想挤痘痘，至少要等它们成熟了才可以一举消灭。而且，挤痘痘也是很有讲究的。有些浅浅的粉刺其实不用挤，只需定期去角质即可。就算是比较深的粉刺，也要具备一些小工具，掌握一定的技巧，然后才可以切入主题，轻轻地挤。针对较顽固的粉刺，在这里我也真诚地奉劝大家不要一味地跟它打对抗赛，孤军奋战毕竟寂寞嘛！

另外注意：毛孔的粗细与饮食有关，由于吃过硬过凉的食物，脾胃消化不好，导致肠胃代谢不畅，引发了面部的问题出现，所有根源除了以上方法，要从每日的生活规律调整。

❀ 不花钱的肌肤护理

市面上太多的美容书籍让人眼花缭乱，最让人困惑的是：那些书到底是美容建议书还是产品推销手册？每本书里都会介绍不同的美容产品，盲目地购买推销的美容美肌产品常常花费不少，但是，它们真的对自己有用吗？

爱美的女性，总会有"一分价钱一分货，越贵的化妆品美容效果越明显"的想法，殊不知，过分地护理反而会伤害肌肤。肌肤是有生命的，它具有自我清洁的功能，就好比人本身具有某种抗体，一旦受到外来侵害的时候，会自动保护自己一样。我们知道，人自身对一些疾病有一定的免疫力，但是如果你每次患小感冒都吃特效药的话，很容易破坏自己的免疫力。同样，过度的皮肤清洁也会使肌肤自身的清洁功能退化。相反，什么都不做，反而使肌肤状况更好。所谓不花钱的肌肤护理，指的就是这样。其实，一般情况下，肌肤是不需要过分地护理的，只有在肌肤状况亮起红灯的情况下，才需要花费大工夫给肌肤做出全面的、正确的诊断，然后针对问题做出特别的护理。过分护理的女性对肌肤造成的伤害绝对比那些不懂肌肤护理的女性对肌肤造成的伤害更大。

要想拥有真正美丽的肌肤，就要学会不依赖化妆品。化妆品虽然能使我们更美丽，但是同时也对皮肤存在伤害。当然，我们不会因为它对肌肤有伤害就完全舍弃它，但是，我们的确需要给肌肤放假，给它时间恢复元气。不用花费大量金钱，只需要在合适的时间让肌肤自我修复，就是最好的肌肤护理。另外保持正常的作息时间和营养的供给。当然，基本的护理仍是必要的。外出之前应做好防晒准备，防止紫外线的过度照射。我们知道，紫外线强烈作用于皮肤时，可发生光照性皮炎，使皮肤上出现红斑、水疱、水肿等；严重的还可引发皮肤癌。所以，为了肌肤健康，还是需要作一些防护的。

✿ 美肌的自我保养

很多女性朋友经常把自己的肌肤问题的症结归到时间和金钱上面，找出各种各样的借口为自己辩解。没有时间、花费不起等，都是她们看起来很充分的理由。纵使没有了她们口中所讲的阻碍，她们也未必停下来处理自己的肌肤问题。

身体是自己的，如果自己都不爱惜，还会有谁替你爱惜呢？其实，护理肌肤并不麻烦，每天抽出5分钟就可以完成。你只需要准备好化妆棉、棉签、保鲜膜、水果、冰块等居家生活的日常用品，再贡献出你的手掌和手指，找个可以让你充分放松的独处空间，给肌肤作一下简单的护理。你可以试着把化妆品先抹在自己的掌心，合并双手慢慢揉搓，将化妆品预热后涂抹到脸上，这样更容易渗透进肌肤，功效也会随之加深。当然，涂抹化妆品之前，要确保手部清洁。

这样讲很多人可能会不以为然，洗完脸的手当然是清洁的啊，因而，有些人常常直接用洗面奶一起洗脸洗手。这是不对的。手部需要单独的清洁，一定要用专门的洗手香皂或洗手液清洗才行。千万不要小看

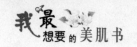

了自己的双手，手是人体最神奇的部分，很多奇迹都是由它们创造出来的。只要你巧妙地加以运用，就可以发挥出它们的神奇作用。你可以用手指对自己的肌肤进行按摩，促进血液循环，让自己的肌肤充满活力。简单的肌肤护理你自己就可以做得到，既然这样，你就再没有借口对自己的肌肤置之不理了。

修炼美好肌肤，由内而外

　　想要修炼出美好肌肤，光做表面工夫是不够的，除了加强对肌肤表面的护理外，还要从内部开始修复。美好的肌肤，是由内而外修炼出来的，想要练就美好肌肤，首先应该对肌肤有全面的了解。问问你自己，你了解自己的肌肤结构吗？皮肤看上去薄薄的，其实结构很复杂，一般分为两大部分：表皮和真皮。我们指的肌肤通常都是肉眼看到的部分，也就是肌肤的表皮部分。它是角化的复层扁平上皮，主要由角质形成细胞组成，是皮肤的浅层结构。真皮位于表皮深层，支撑着表皮，其内分布着各种结缔组织细胞和大量的胶原纤维、弹性纤维，不断地吸收水分和营养物质而膨胀，以此支撑表皮层，使皮肤既有弹性，又有韧性，也让肌肤显得健康而光滑。

表皮层的护理

　　表皮的护理是最基本的，如果连表皮的护理工作都做不好，光滑紧致的肌肤将永远是种奢望。表皮的角质层新陈代谢的周期一般为28天，在这个周期中，新产生的角质层不断在肌肤表面堆积，阻塞毛孔，就会引发诸多肌肤问题，清洁肌肤就显得很重要。除了一个月至少给肌肤去一次角质，经常做化妆水面膜外，防晒工作也不容小觑。出门前做好防紫外线的准备，涂防晒霜，防晒系数高而长久的，并带上太阳伞、手套。

真皮层的护理

除了做好表皮的护理工作外，还应注意真皮部分的养护。肌肤的真皮层纤维组织随着年龄的增长而呈现出不同的状况，人在年轻的时候，真皮层的纤维组织很紧密，能够储存充足的水分和营养。随着年龄的增长，纤维组织储存水分、吸收营养的能力就开始下降，纤维组织开始疏松，水分和营养吸收也变得不足，肌肤慢慢就会失去弹性和韧性，造成肌肤松弛，以及皱纹的产生。要防止这些状况的出现，就要学会使用精华液。精华液能够穿透肌肤的表皮层，直接渗透到肌肤深层的真皮部分，及时给肌肤补充水分和营养，滋润和活化真皮组织。

 美肌最需天然激素

你知道健康肌肤大半是来自女性激素的影响吗？如果体内雌激素分泌减少，伴随而来的便是暗淡无光的面容。鉴于生理原因，激素对于女性的健康来讲相当重要。它赋予女性有别于男性的第二性征——隆起的乳房、肥硕的臀部、紧缩的腰线及细嫩的皮肤都是在女性激素的作用下日趋显著。女性规律性的月经周期及排卵也都由激素控制。另外，女性患心血管疾病的比率较小，也全赖雌激素的保护。研究表明，女性身体受雌激素控制的组织或器官达四百多个，体内雌激素量的波动，能引发六十多种不同程度的病症，而女性激素唯一的来源就是卵巢，卵巢功能衰退，也让女人迅速衰老。卵子是女性特有的细胞，也是产生新生命的细胞。人类的繁衍生息，都离不开卵细胞。女性在月经期间会从卵巢排出大量的卵子，女性排卵的过程就是体内激素代谢的过程。当体内激素代谢正常时，女性面色自然红润细腻，若是激素代谢不正常，就会引发各种疾病。现代各种妇科病的产生，大都是由于体内激素代谢不正常引起的。像大多数女性脸上长斑、面色暗黄，也都是由于这种原因。

天然激素最美肌

女性每次经期排卵，都会造成体内激素减少，因此，这个时候也是女性免疫力最弱的时候，尤其是更年期女性，免疫力更弱。更年期女性体内激素急速下降，会造成更年期症候群以及骨质疏松症。这些都是健康方面的状况，对于肌肤来讲，缺乏激素，面色不好是肯定的，皮肤粗糙、长斑更是常见现象。针对激素的缺乏，一般可以通过激素疗法来补充。所谓的激素疗法，就是通过注射激素类药物或者食用含激素的食品来补充体内激素。激素包括天然激素和人工合成激素。很显然，天然激素对人体更好些。含有天然激素的食品有很多，像大豆、石榴、当归、小茴香、蜂王浆、雪蛤等均含丰富的天然激素。除了这些含天然激素的食品外，还有不少提取了天然激素类的保健品。虽然食用雌激素的保健品通常没有太大的问题，不过最好还是先征询医生的意见。人工合成激素具有不确定性，有些女性因为得了重病利用合成激素治疗，结果造成乳腺增生和子宫增生，实在是很让人惋惜。而天然激素就不同，它备一定的调解功能，不会对身体造成很大的伤害。一般激素疗法适合有症状的停经女性使用。最近有研究指出，停经前就摄取豆类或亚麻子，可避免雌激素剧烈减少。鉴于激素的美肌作用，现在很多化妆品也标榜从某些植物或者动物里提取了天然激素，当然我们并没有亲眼看见，也不能说明它有多不可信。只是，在这里也奉劝大家不要盲目地购买那些所谓的含纯天然激素的高级化妆品，因为很多化妆品并不如广告里所说的那般出色。最保险的做法，还是自己多补充些含天然激素的食物。据说日本女人绝经期比西方女性要晚是因为她们大量食用豆制品的结果，不管怎样，看到日本女人那么善于保养，而豆腐又那么受欢迎，也不得不相信这有些道理。而且，豆制品对于女性是极好的，比如多喝豆浆，就可以让更年期延期，或者减轻更年期症状。

激素并不是越多越好

当然，激素并不是越多越好，体内激素过多，毛发就会很旺盛，对于女性来讲，也是很头疼的。有些甚至会显露出某些男性特征，如肩膀宽大、四肢发达，少了很多女儿家的娇态。对于非更年期的女性，最好不要过多地补充激素，而要注重调节体内激素分泌。年轻人的新陈代谢能力是很强的，依靠自身的活力，也可以调整自己的身体状况，过分地给自己补充营养，反而使身体丧失自我调节的能力。对于女性来讲，保证体内激素正常代谢，不仅是美肌的必需，也是健康的必需。因此，女性一定要爱护好自己的身体，像频繁的人工流产、不当的食用药物都会破坏体内激素的正常代谢，懂得爱护自己的女性一定要慎重。

❀ 与身体对话，女人需要爱自己

最近，总是能听到女性朋友们在感叹自己的皮肤越来越糟糕，这也许是春天干燥的缘故吧。可是总的来看，虽然我们的生活水平提高了，吃得越来越好，抹得越来越好，但"面子"问题总是困扰着我们。不仅面色总是红润不起来，皱纹也常常偷着爬上来……如今，不仅老公称我们是"黄脸婆"，就连儿子、女儿好像都不怎么愿意和我们说话，连开个家长会都会避开我们，去找爸爸……

爱老公、爱孩子的我们究竟是怎么了？在我们为生活而奔波忙碌的同时，我们似乎是遗忘了些什么？对，那就是"爱自己"。著名节目主持人陈鲁豫曾说过："做美女就要自宠！"对于一个女人来说，最重要的往往不是自己实际的年龄，而是别人眼中的自己看起来是多大岁数。

这把衡量的标尺就是我们外在的肌肤。现在的女性，常常因为工作的忙碌而疏于对肌肤的保养，从而使肌肤出现"超龄"现象，甚至衰退。许多女性朋友面色无华、晦白灰黯、肌肤粗糙、皱纹累累、斑点丛生……这些往往缘于脏腑功能的失调。

从中医美容学的角度来看，一个人的相貌、仪表乃至神志、体形等，都是脏腑、经络、气血等反映于外的现象。脏腑气血旺盛则肤色红润有光泽，肌肉坚实丰满，皮毛荣润等。故中医养颜法非常重视脏腑气血在美容中的作用，通过滋润五脏、补益气血，使身体健美，容颜长驻。

越早越好的养颜经

我的一个朋友，体质本身就比较弱，脸色总是很苍白，她想改善这种状况，时间、金钱投入了不少，可还是无法唤回肌肤的色彩。我这样告诉她："如果你自己不从内部进行调理，那么这个世界上再高明的美容师，恐怕也帮不了你。"

要想达到面部美容的目的，仅做面部保养是不够的，还必须保持人体心、肝、脾、肺、肾功能的正常，才可能保持容光焕发。比如一些女性面部出现雀斑、粉刺、痤疮等，这是由于内分泌失调所致，使用化妆品只能治表，起到掩饰的作用，却不能达到根治的目的。

而通过腑脏调节，有可能从根本上清除斑点和其他由内分泌失调所导致的皮肤疾患。这样做的特点是重在自然美、整体美，讲究身心、腑脏、经络、气血的全面调整，注重整体效应，人只有在全身阴阳平衡，气血通畅的条件下，才可能容光焕发，既治表又治里，由此达到一种天然雕成的效果。

总之，五脏功能如何，皆可影响人的容颜美，正如《黄帝内经》里所说："夫精明五色者，气之华也。"对于女性来讲，通过全面的五脏调养，是完全能够保持住肌肤的健康和光彩的，最重要的是，越早开始越好。

美丽讲究内外兼修，由内而外散发出来的美才是完美的表现。对于女人，呵护好自己的身体，调理好自己的五脏，就是"爱自己"的最好诠释，更是保障自己时刻美丽的秘诀所在。

第二章

美肌集结号，
打造吹弹可破的靓丽肌肤

你想拥有什么样的肌肤？弹·紧·滑·润是女人美肌的终极目标，吹弹可破是女人美肌的毕生追求。靓丽的肌肤是一件美丽的外衣。一个女人如果皮肤不好，再精美的打扮也无法使她看起来神采飞扬。可见，好皮肤对女人来说是多么的重要。

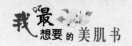

❀ 好皮肤的标准

好皮肤是美女的重要标志之一，拥有好皮肤也是每个女人的愿望。那么，好皮肤的标准究竟是什么呢？

好皮肤有一个综合标准，主要指皮肤健康、湿润、清洁细腻、有弹性、有光泽、有生命活力、不敏感、耐老化等。

- 皮肤健康：指皮肤没有皮肤病。
- 皮肤湿润：指含有充足水分、水嫩嫩的皮肤。
- 皮肤清洁细腻：指没有污垢、污点，皮纹细腻，汗孔、汗毛细小。
- 皮肤有弹性：即皮肤光滑、平整、不粗糙、无皱纹，柔软而富有弹性，用手指按压皮肤能够反弹回来。
- 皮肤有光泽：指肤色柔和，有透明感。
- 皮肤有生命活力：指皮肤红润有光泽，不苍白，无青紫或暗黄。
- 皮肤不敏感：指皮肤中性，不油腻也不干燥，含水量20%，PH值在4.6～6.5之间。
- 皮肤耐老化：指随着年龄增长，皮肤衰退速度较慢，无枯黄、干纹、皱纹、斑点、色斑等现象。

总之，好皮肤应该是健康的皮肤，红润有光泽，柔软而细腻，结实富有弹性，既不粗糙又不油腻，并少有皱纹。在给肌肤作护理的时候，就要根据这些方面，进行有针对性的护理，使之达到很好的平衡。这样的皮肤才是最理想的美丽肌肤。

❀ 美肌五原则——润·滑·紧·弹·白

肌肤护理最终要达到一种什么样的境界呢？美丽的肌肤究竟是怎样的呢？很多人可能会有这样的疑问。

"润、滑、紧、弹、白"即湿润、光滑、紧致、有弹性、白皙。这就是美肌的五项原则，也是肌肤护理所要达到的最高境界。也就是说，当肌肤达到了这五大目标的时候才是最完美的。因此，当我们给肌肤作护理的时候，就要朝着这五大方向努力。比起单纯的肌肤护理，我们强调作护理前一定要有一个明确的目标，也就是你想要肌肤朝着哪个方向走。每天早上起床后对着镜子里的自己，看看自己有什么变化，脸部皮肤是否粗糙、嘴唇看起来是否丰满、脸色是否暗淡无光、有没有黑眼圈，等等。然后，你就要考虑怎样才能解决皮肤出现的种种问题，有针对性地进行肌肤的护理。

湿润的肌肤

湿润的肌肤要求肌肤一定要有充足的水分，水分充足的话，肌肤自然就很饱满，看起来也就水水嫩嫩的。要做到这一点，就要保证肌肤水油平衡。有些人因为觉得自己是油性皮肤，只顾着给肌肤去油，通常就不太注意补水，但又会发现脸上某些部位有皮屑、肌肤缺乏光泽等，其实这些都是肌肤不够湿润的表现。出现这些问题的人，应该将精力花费在给肌肤补水上，而不是单纯地去油。补水面膜、保湿液、精华素、蚕丝胶原面膜才是她们真正要选择的。

光滑的肌肤

光滑的肌肤通常通过洁肤就能得到。肌肤正常的新陈代谢往往会产

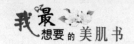

生一些老化的角质,当它们大量堆积在一起时,就会阻碍肌肤正常的呼吸,导致油脂分泌过多。而一旦肌肤陷入这种状态,自然很难保持光滑细腻。所以,尽可能地清除毛孔中的残留物,是保持肌肤光滑细腻的关键。磨砂洗面奶或者去角质面膜,都可以加速促进肌肤的新陈代谢。

紧致的肌肤

紧致的肌肤也就是拥有美丽光泽的肌肤。从视觉上来讲,它要求肌肤给人一种健康的光泽,必然要有充足的水分和营养;不是光给人滋润的感觉,还要娇嫩有光泽;除此之外,肌肤还要显得细腻而紧绷。因此在作皮肤护理的时候,一定要注意加强肌肤的柔软度和坚韧度。在给肌肤补充水分、油脂的同时,也要加入营养的护理液和精华液来增加肌肤的紧致感。

有弹性的肌肤

每个人都想让肌肤像皮球一样充满弹性。当岁月无情地流逝使肌肤渐渐失去弹性,不免让人感到悲伤。为了避免过早地陷入迟暮之列,就要做好对肌肤真皮层的护理。只要肌肤恢复了真皮部分的活力,表皮的松弛问题自然就可以解决。另外,早晚的精华液护肤也不可少,一周一次的去角质也不可少。

白皙的肌肤

不管相貌如何,只要你够白,看起来自然入眼。皮肤不够白皙的原因包含:睡眠不足、精神压力大、偏食也会给肌肤造成伤害,要保持健康美丽的肌肤,就要从日常生活的小事做起,另外也不要刻意去追求白皙,因为白皙是相对而言,健康的肌肤是通过吃、睡、养、内调、保持良好的心态造成的。

白里透红，让你的美与众不同

健康的女人面色看上去犹如白色的丝绢裹着朱砂，白里透红；相反，不健康的女人则常常表现出多种异常的脸色，如苍白、潮红、青紫、发黄、黑色等。大多数东方女性梦寐以求的美丽肌肤，首先就是肤色白皙健康红润，宛如白瓷般散发着动人的光芒，是一种漂亮健康的状态。

中国有句俗话是"一白遮百丑"，可见在广大群众的眼里，皮肤白皙就是美。但是这个"白"要往细了看也是很有看头的；有"白里透红"、"脸色苍白"、"白里泛青"、"白皙细腻"等许多状态。以上这四种白法我们可以很轻易地就分辨出"白里透红"和"白皙细腻"是美丽的。虽然目前流行的非主流化妆中，模特骄傲而"苍白"的脸也很有美感，但拥有自然、白皙、红润的肌肤才是最健康的，是令所有女人都羡慕的。

美白谁都会，用一些美白产品就可以拥有均匀的肤色。不过市场上很多美白产品都含铅、汞等有害物质，长期使用会对皮肤产生伤害，所以姐妹们最好还是少用，而且用过会显得不自然。

其实，想要白里透红的好肤色、好气色也很简单，中医的美容养生、养颜、调、养、补就可以帮你实现。

但美白并不是一两天的事，耐心和恒心才能铸造美白的肌肤。

为什么有的人不白？

中医认为，最容易影响肤色的，当属肝、脾、肾三脏。在《黄帝内经》中，就提到要"养于内、美于外"，如果一个女人身体内脏腑、经络功能正常，气血充盈，则面色红润，皮肤细腻光滑；反之，若脏腑功能失调，气血不顺、精气不足、阴阳失调，肤色就容易黯沉，易产生色斑及皮肤浮肿松弛等皮肤问题。因此，只有内在的问题解决了，肤色才会散发出自然靓丽的光彩，才能从根本上达到健康美颜的成效。

兼顾家庭和工作的女人，经常处于忙碌、压力大、紧张及情绪差、

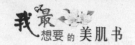

易怒的状态下，就出现肝气郁结等情况。中医认为，肝主疏通及渲泻，功能是疏泻全身气血及津液，肝气郁结会产生气血逆乱及淤滞，肤色便会蜡黄而黯沉。

中医所谓的"脾主中州"，意即脾在五脏中主要是吸收营养再滋养其他的脏腑，所以中医的脾主统血，也主肌肉、主四肢，是气血的生化之源，如果饮食失调及心神不宁影响消化功能，就会产生脾虚湿蕴的现象。而脾脏一旦虚弱，肌肤得不到滋养便会萎黄发黯，没有光彩可言。

至于肾在影响女人美白方面，中医则认为：肾是主掌人体全身津液平衡的，倘若操劳过度则会使水亏火旺，虚火上升而郁结不散，使皮肤粗糙黯沉，不亮白。

吃枣，让你白得更靓丽

大枣果肉肥厚，色美味甜，富含蛋白质、脂肪、糖类、维生素、矿物质等营养素，因此大枣历来是益气、养血、安神的保健佳品，对高血压、心血管疾病、失眠、贫血等病人都很有益。

在中医学上，红枣是性温味甘的药材，归脾胃经，能补中益气，对于容易血亏的女性还能起到养血安神的作用。同时红枣富含维生素A和维生素C，这一点也符合西医营养学的美白效用。

三白汤

我国明代《医学入门》中记载的"三白汤"，即"白芍、白术、白茯苓各5克，甘草2.5克，水煎，温服"。这个方子最初是被用来治疗伤寒虚烦，后来发现可以补气益血、美白润肤，遂在民间流传开来。此方配伍精良，适于气血虚寒导致的皮肤粗糙、萎黄、黄褐斑、色素沉着等。白芍、白术和白茯苓是传统的润泽皮肤、有助美白的药物，它们与甘草一起还可以延缓肌肤衰老。

在中医理论中，白芍味甘、酸，性微寒，有养血的作用，可以治疗面色萎黄、面部色斑、无光泽；白术性温，味甘、苦，有延缓衰老的功效；白茯苓味甘、淡，性平，能祛斑增白；甘草性平、味甘，有润肤除臭的功效，用于脾胃虚弱所导致的口臭以及皮肤皲裂等。

其实，女人美白、祛斑的方剂并不少，除了三白汤，晋代葛洪的《肘后救卒方》首创了用鸡蛋、香粉、杏仁制成的美容面膜；还有如《洪氏集验方》中记载的琼玉膏，由人参、生地黄、白茯苓、白蜜组成，对女人也有益气养阴、润肤增白的作用。

要想白，就这么做吧

除了食疗之外，通过经常按摩身体上的美白穴，也可以有效地改善我们的肤色。对于女人来说，按摩穴位的好处是可令全身肌肤收效而变得美白，不像外涂方法般只能有效于涂抹位置。但由于按摩是需要花费时间的，而且也需要长期坚持才能见效，所以视做辅助疗程最理想。下面介绍几个浴后按摩，美白效果更佳的穴位：

※ 美白养颜四白穴

在这里要特别强调一下四白穴。四白穴在眼眶下面的凹陷处，当你向前平视的时候沿着瞳孔所在的直线向下找时，在眼眶下缘稍下方就能感觉到一个凹陷，这就是四白穴。

四白穴也被称为"美白穴"或者"养颜穴"。可别小看它，每天坚持用手指按压它，然后轻轻地揉3分钟左右，你会发现脸上的皮肤开始变得细腻，美白的效果不错。

另外，因为四白穴在眼的周围，所以坚持每天点揉还能很好地预防眼病。比如眼花、眼睛发酸发涨、青光眼、近视等，还可以祛除眼部的皱纹。

※ 减褪晒黑肤色指压法

用食指及中指的第二节位在耳背的凹下位置按压，每次按3秒，做5次。

※ 减褪天生深肤色指压法

用手掌或海绵沿小腿外侧打圈，左右脚重复交替做，用一点儿力效果更好；在距离脚踝内侧7厘米位置，用大拇指按压5秒。以上动作各重复6次。

※ 祛汗斑指压法

用双手中指指腹放在眼头位置按压，每次6秒；再用食指及无名指

按眼肚位；然后把手指转掩双眼轻按，同样是每次6秒；最后再轻按眉尾至太阳穴位置。以上动作重复10次，一日为一疗程。

通过对面部的按摩，穴位的点压，将饮食调养与之相互配合使用，其实就是经络美容方法。它注重面部皮肤的自然美，着眼点在于调整经络气血的功能。你简单随手的按压都可能达到不错的美容效果。行动起来吧，以白皙肌肤迎接每一天。

太阳穴，由眉梢到耳朵之间大约1/3处，用手触摸最凹陷处即为太阳穴。按摩时先将手掌搓热，贴于太阳穴，稍用力使太阳穴微感疼痛，顺时针转揉10～20次，逆时针再转相同的次数即可。

❀ 按摩，让你的肌肤更舒展

不管是日常保养还是特别护理，都离不开一定的美容产品。为了将护肤品的功效发挥到极致，需要配合正确的按摩手法。但烦琐的按摩步骤常会给肌肤护理带来新的烦恼。为了既能充分发挥护肤品的最大功效，简单易行的方法是在均匀涂抹产品的时候，始终向同一方向舒展，并且由下向上推抹，即可防止肌肤松弛下垂，解决护理肌肤的烦恼。

不同部位的按摩法

咽喉部位：用手掌舒展开面霜或乳液，将透明轻柔的薄膜从下腭颈部向下涂抹。

面部：以同样的方式展开面霜或乳液，用手掌将护理品从脸部中央抹向鬓角，轻托肌肤，以抵消重力的作用。

前额：方法稍有不同，用指尖轻柔地将护理品从眉毛向上展开到发际，以舒缓水平状分布的细纹。

三角区域：首先向上方按摩，然后向鬓角展开，轻压几下，促进完全吸收。

眼部：用指尖轻柔地展开眼霜，从内眼角抹至鬓角，并用指腹轻拍和指压眼部肌肉，以促进循环，加速眼霜吸收。需要注意的是：如果只是简单机械地围着眼部"打圈按摩"，反而容易导致弹性纤维的流失，使肌肤松弛，小细纹横生。

✿ 干性肌肤如何保养

干性皮肤，即干燥性皮肤。干性皮肤最明显的特征是：皮脂分泌量少，皮肤干燥、白皙、缺少光泽，毛孔细小而不明显，容易产生细小皱纹；毛细血管浅，易破裂，对外界刺激比较敏感，皮肤容易产生红斑，其PH值约在4.5～5之间，皮肤角质层水分低于10%。

干性皮肤的形成有内因和外因两个方面。内因方面，与先天性皮脂腺活动力弱、后天性皮脂腺和汗腺活动衰退、维生素A缺乏、偏吃少脂肪食物、有关激素分泌减少、皮肤血液循环及营养不良、疲劳等有关；外因方面，与烈日暴晒、寒风吹袭、皮肤不洁、乱用化妆品以及洗脸或洗澡次数过多等有关。

根据这些原因，干性皮肤的保养要注意以下这些方面：

1. 补充水分

干性皮肤保养最重要的一点是保证皮肤得到充足的水分。

2. 选择合适的洁面乳

干性皮肤由于肌肤缺水，很容易造成干燥、脆弱等现象，所以干性皮肤在选择清洁护肤品时，要选用亲水性高、含保湿因子、不含油脂的洁面乳，或对皮肤刺激小的含有甘油的香皂。不要使用粗劣的肥皂洗脸，有时也可不用香皂，只用清水洗脸，以免抑制皮脂和汗液的分泌，使得皮肤更加干燥。

3. 温和清洁皮肤

干性皮肤每天洗脸的次数一般为两次，即早晚各一次。在洗脸时，一定要注意手法轻柔，这样能使洁面乳中的补水因子均匀渗透到皮肤中，起到洁面与补水的双重功效。

4. 在洗脸时滋润皮肤

清洁面部时,如果你的洗面乳没有滋润成分,或是洗脸后感觉面部比较干燥或紧绷,可以在洗面奶里加入两滴保湿润肤的精油,或在脸盆里加入半盆热水,滴入2～3滴玫瑰精油或薰衣草精油,将精油充分搅匀后,用大毛巾将整个头部及脸盆覆盖,闭上眼睛,避免精油香味及水蒸气刺激眼睛,用口、鼻交替呼吸,持续5分钟,再洗脸,会有意想不到的效果。

5. 化妆水的使用

使用含有保湿成分的补水型化妆水,轻拍整个面部及颈部肌肤,直到吸收。如此可给皮肤提供充足的水分,保持皮肤湿润有光泽,同时还能帮助皮肤迅速恢复其弱酸性状态。注意不要用力过猛。如果肌肤过于干燥可重复两三次。

6. 早晚护肤法

早晨,宜用冷霜或乳液滋润皮肤,再用收敛性化妆水调整皮肤。晚上,要用足量的乳液、营养性化妆水、营养霜。

7. 眼部保养

使用具有保湿滋养功效的眼霜,用无名指轻点在眼周围的肌肤上,以手指肚轻柔按摩以待吸收,每天早晚各一次。

8. 使用补水面膜

使用棉布式载体的补水面膜,或者是清洗式的深层滋润面膜进行敷面,深层补充面部肌肤所需的水分,敷面的时间以20～30分钟为宜。秋冬等特别干燥的季节可以每天使用。

9. 做好防晒工作

干性皮肤防御能力较弱,应做好四季防晒工作,避免产生小斑点。

10. 注意饮食

干性皮肤的人在饮食中要注意选择一些脂肪、维生素含量高的食物,如牛奶、鸡蛋、猪肝、黄油、鱼类、香菇、南瓜及新鲜水果等。

11. 坚持按摩

选择适合干性皮肤的按摩油、乳液进行面部按摩。按摩能促进面部血液循环和营养的输送,加强皮肤新陈代谢。

12. 保持室内的湿度

要保持室内湿度，必要时可用加湿器。特别要避免从湿度较高的室内突然接触室外干燥寒冷的空气，外出前要抹一些含油的护肤霜或粉底霜，给皮肤建造一层保护膜。

干性皮肤虽然容易产生紧绷感，形成细碎的干纹、表情纹，甚至会有脱皮的现象，但是由于干性肌肤毛孔细小，所以肤质细腻，出油少，也不容易吸附污垢，因此不会有不清洁的感觉，也很少有毛孔阻塞和黑头粉刺的困扰。而且，干性肌肤上妆后，不易脱妆。如果干性肌肤能够及早注意滋养，那么肤质看起来就会细腻而干净，是人人都想拥有的好皮肤。

使用喷雾
小提示：

为了给皮肤补充水分，保持皮肤的湿润，很多人都会随身携带一瓶保湿喷雾，以便在皮肤感觉干燥的时候，随时给皮肤补充水分，但在使用喷雾时要注意以下两点：

1. 不要过度依赖

喷雾只可临时舒缓，不能因喷了舒服就频繁地猛喷。

2. 拭干多余水珠

水珠留在脸上，会带走皮肤表层的水分，喷完喷雾，要立刻用双手轻轻拍拍，直到吸收为止。

中性皮肤如何保养

中性皮肤是最健康理想的皮肤，其PH值在5～5.6之间。皮脂腺、汗腺的分泌量适中，皮肤既不干燥也不油腻，红润细腻而富有弹性，对外界刺激不敏感，没有皮肤瑕疵。中性皮肤多见于发育期前的少女、婴幼儿以及保养好的人。但此类皮肤易受季节变化影响，夏天偏油腻，冬天偏干燥，因此中性皮肤不能因为它是正常肤质而不去重视，应该视季节的不同进行正确的保养，如果不注意保养，中性皮肤也会变成干性皮肤或其他类型皮肤。

那么，中性皮肤该如何保养呢？

1.清洁工作

一般每天清洗脸部两次为宜，将洗面奶用手以画圆圈的动作涂抹于脸上，一定要冲洗干净。因为皮肤上的残污会影响保养品渗透入角质层的。

2.选择合适的洁面产品

中性皮肤选择洁面产品的范围比较大，水凝胶、固态或者液态的洁肤乳都可以。不过以对皮肤有滋润作用的高级美容皂或亲水性的洁肤乳为最好。

3.注意卸妆

用卸妆乳后再用洗面奶洗脸。很多女性在不外出的情况下不化妆，自然也就不用卸妆乳，而只用洗脸皂或洗面奶洗脸，其实这样不利于角质和死皮的及时清除，第二天化妆时也会感觉不易上妆。使用卸妆乳能够帮助去除不必要的角质，虽然会有些麻烦，但最好坚持每天使用，以保证清除角质和死皮。

4.角质护理

坚持按摩能够去除角质，尤其是额头和鼻子周围由于油脂分泌而产生的脏物更需要定期的清理。使用含有少量磨砂颗粒的去角质霜，每周做一次角质清理，主要以额头、鼻子和下腭为主。因为中性皮肤是比较理想的状态，所以只需要一般的基础护理就能使皮肤保持健康。

5. 滋润工作

最好用棉片沾湿润肤水，轻轻地擦净皮肤。润肤水的目的在于除去剩余的洁肤乳残渣、润泽以及平衡皮肤的酸碱值。中性皮肤可以使用含有5%～10%的酒精成分的润肤水。

6. 基础护理

中性皮肤平时只需注意油分和水分的调理，使其达到平衡就可以了。平时使用爽肤水、乳液、眼霜应选用含油分不多的产品。春天和夏天应进行毛孔护理，秋天和冬天应注意保湿和眼部护理。

7. 日常保养工作

白天中性肌肤选择日霜的范围很大，不过还是选择有助于皮肤表面水脂质膜的添补及维护的产品为佳。早晨洗脸后，可用收敛性化妆水收紧皮肤，涂上营养霜，再涂粉底霜；晚霜可以选择较为清爽的乳液状产品。晚上洗脸后，用乳液润泽皮肤，使之柔软有弹性，并且可以使用营养化妆水，以保持皮肤处于一种不松不紧的状态。另外，晚上一定要用眼霜或眼部凝胶。

8. 坚持按摩

使用含水分较多的霜或液进行按摩，每周1～2次。如果觉得按摩很麻烦，那么每天洗完脸后，轻轻地按压脸部，这样能够促进血液和淋巴的循环，效果等同于按摩。

9. 饮食调养

饮食要注意补充皮肤所需的维生素和蛋白质，如水果、蔬菜、牛奶、豆制品等，避免烟、酒及辛辣食物的刺激。

10. 做好户外保护工作

外出时注意防晒、防燥、防冻、防风沙等。

11. 坚持做运动

适量地做一些户外运动，使得皮肤更加健康、自然，充满青春活力。

中性肤质的保养是最轻松的了，不过如果后天不好好保养的话，也会变成偏干或偏油的肌肤。因此，中性皮肤要做好以上的保养工作，这样皮肤才能处于健康理想的状态。

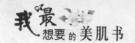

适合中性皮肤的水果面膜

一、香瓜面膜

材料：香瓜1个，植物油4克。

做法：

（1）香瓜捏碎，取蛋黄和植物油一起混合，搅拌均匀。

（2）将搅拌均匀的面膜敷在脸上，30分钟后清洗干净即可。

功效：能起到保湿、增加皮肤光泽的功效。

二、胡萝卜苹果面膜

材料：胡萝卜1个，苹果1个，鲜柠檬汁10毫升。

做法：

（1）苹果去皮去核，胡萝卜去皮切成小块，加入柠檬汁后放入果汁机内搅拌成泥状。

（2）把面膜敷在脸上，待面膜自然变干后用温水清洗即可。

功效：能够滋润皮肤，恢复皮肤的弹性。

三、苹果面膜

材料：苹果1个，鸡蛋1个，奶油4克。

做法：

（1）苹果用果汁机搅拌成果泥，和蛋黄、奶油一起搅拌均匀。

（2）将搅拌好的面膜敷在脸上，20分钟后清洗干净即可。

功效：滋润皮肤。

❀ 油性皮肤如何保养

油性皮肤是指油脂分泌旺盛，额头、鼻翼有油光，毛孔粗大、触摸有黑头、皮质厚硬不光滑、外观暗黄，皮肤偏碱性，弹性较佳，不易衰老。皮肤易吸收紫外线。

夏日来临，随着气温的升高，不少油性皮肤的朋友对皮肤的烦恼也多了起来：满脸油光光的像个"大油田"，毛孔变得粗大，青春痘和黑头也开始增加。每每谈到皮肤过油，常听朋友们说："我什么护肤品都不敢用了，怕营养过剩了皮肤更油。"还有的说："我一天洗好多次脸，而且用香皂甚至肥皂来洗脸，这样才能洗干净。"其实这都是一些误区。皮肤需要悉心的呵护与保养，尤其是油性皮肤，在夏季如果没有正确的护理与对待，不仅不能缓解夏日中"油光满面"的情况，而且还可能造成皮肤的伤害，影响美观。

油性皮肤的保养不是一件简单的事，但是油性皮肤也有优点，如不敏感，并且能够长期地保持"年轻"。随着年龄的增长，油脂的分泌也会逐渐减少，有些人甚至会转变成为中性皮肤。但是油少了不好，油多了也不好，那么怎样调养皮肤油脂才是最好的呢？如何能缓解夏日中的"油光满面"的情况，并把给皮肤造成的伤害减到最小呢？

看看你的脸，是哪种小油田？

这里有个小概念要先跟大家来讲一下，根据肌肤出油状况的不同，油性皮肤又可以分成"外油内也油"、"外油内干"、"时油时不油"三种情况。

※ 外油内也油

与中性皮肤相比，油性皮肤的皮脂腺，也就是油脂的"加工厂"，要更大一些，功能也更强，所以"产量"也更高。在油性皮肤当中，有一部分女性朋友的皮肤水分含量也很充足，即油多水也多，形成了肌肤"外油内也油"的状况。这类皮肤皮脂分泌丰富，易受污染，对细菌的抵抗力较弱。若不注意清洁护理，易生粉刺、痘痘，皮肤变得粗糙。

因此，在护理上要做好深度清洁，保持水油平衡。但要防止过于频繁和过强地清洁，因为这样会损害皮肤表面具有保护功能的皮脂膜，使皮肤的抵抗力和保水能力降低，缺水状况更严重，而油脂的分泌受到缺水的刺激也变得更旺盛，形成一个"越油越洗，越洗越油"的恶性循环。

※ 外油内干

大多数女性的油性皮肤都是属于"外油中干"的状态——即油脂分泌过度而皮肤内部却缺水。皮肤为了缓解缺水的状况会分泌出更多的油

脂来保水，使过油的状况更严重。这种油多水少的皮肤是最容易带来问题的。

所以，日常护理的主要工作就是补水。皮肤缺水会刺激油脂的产生，反过来说，给皮肤补充充足的水分也会缓解油脂的过度分泌。在保湿方面，油性皮肤的朋友应选择不含油分的，质地较清爽的保湿护肤品，如乳液类及凝露类产品，避免使用厚重的乳霜类产品。

※ 时油时不油

还有一些朋友的皮肤状况很容易随季节和环境变化，夏天油光满面，容易长"痘痘"，冬天却会稍显干燥，肌肤略显紧绷，因此也更容易产生皮肤问题。这类肤质的朋友在日常护理的工作重心应该放在调整上。除了清洁和保湿，还需要调整其油脂分泌过度的状态，并争取从根本上改善肤质，获得身心的自由。

由于肌肤不是永远处于一个状态，需要能够激发时刻保持清新的舒适状态，所以为了长期有效的控油效果，需选择合理的饮食习惯，从而让肌肤时刻保持着平衡状态。

总之，不管你是哪种油性肌肤，都是比较难护理的。护理不当，经常会长黑头、粉刺和红疹，所以在护理上需要多费心思。

油性皮肤的护理方法如下：

1. 补水保湿

补水保湿对油性皮肤的护理是至关重要的，因为油性皮肤往往都是由于缺水造成的。皮肤之所以会出油，是因为当身体的水分不够时，身体就会透支皮肤的水份，皮肤会自动分泌出油脂来保护身体的水分，所以补水保湿才是控油的关键。因此油性皮肤在控油的同时一定要注意及时补水，并做好保湿工作。

2. 彻底清洁皮肤

油性皮肤保养还要注意保持皮肤的清洁，油性皮肤的人一天洗脸至少三次。洗脸时，先清洁额头和鼻翼，然后是下巴和两颊，按照从下向上，由外向里的顺序，就能彻底清洁皮肤。另外，每周使用一次磨砂膏以进行更深层的清洁，以免过多的皮脂、汗液堵住毛孔。

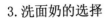

3. 洗面奶的选择

为了对付油脂，油性皮肤者往往爱用清洁力强的洗面皂或洗面膏洗脸去污。其实这种做法是不正确的，因为过强的泡沫洁面液会带走脸上的水分及皮脂，令皮肤更加干燥。所以油性皮肤的人最好选用性质比较温和的洗面乳洗脸。水温最好在20℃左右，过热会令皮脂水分流失，过冷又无法清洁彻底。

4. 收缩水的选择

使用含微量酒精的收缩水，不仅可以补充水分、调节皮肤酸碱平衡，还可以收缩毛孔，抑制油脂分泌。但如果皮肤比较敏感，则最好不要使用含有酒精的化妆水，可以用有清凉感觉的爽肤水，或者用冰冻的蒸馏水代替。

5. 注意滋润皮肤

好多人以为油性皮肤的人就不需要滋润了，但其实脸上如果不涂一层保护膜，毛孔粗的皮肤更易沾灰尘，冬天还容易缺水，所以油性皮肤也应该注意滋润皮肤。在选择化妆品的时候应选用清爽型的保湿乳或保湿露，另外还可以选用果酸护肤品。神奇的果酸能够平衡皮肤油脂的分泌，还能减少皱纹和粉刺，是高科技产品。

6. 选择水质的防晒液

油性皮肤在选择防晒产品的时候宜选用水质强、油质少的防晒液。在涂防晒液后，最好用吸油面纸轻拭面庞，以减少油质感。

7. 化妆不宜太浓

油性皮肤化妆不宜过浓，以免"妆粉"渗入皮肤，留下斑痕。要使用不含油质的化妆品，上妆前应先涂上隔离霜，并使用控油粉底，如果皮肤油性很大，可以用吸油纸，并且要注意及时补妆，这样就可以保证全天的清爽，做到无"油"无虑了。

8. 按摩

晚上洁面后，可适当地按摩，以改善皮肤的血液循环，调整皮肤的生理功能。

9. 注意皮肤问题

当面部出现感染、痤疮等问题时，要及早治疗，以免病情加重，损

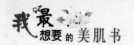

害扩大，以致愈后留下疤痕及色素沉着。

10. 注意饮食

在饮食方面也要注意，应以清淡为宜，多吃蔬菜、水果，多喝水，以保持大便通畅，改变皮肤的油腻粗糙感。少吃油腻食物和刺激性食品，不喝浓咖啡或过量的酒，以减轻皮肤油脂的分泌。

11. 日常皮肤护理

油性皮肤的日常护理要做到：去死皮，去死皮可以使护肤品的滋润效果更有效，还可以减少粉刺的产生。应注意选择性质温和的去死皮膏或磨砂膏；深层清洁面膜，如手撕式或矿物泥面膜，都有去污及控油作用，可以清除掉毛孔内的污垢；容易长粉刺的T字区可以使用针对T字区调理的护肤品来完成清理效果。

油性皮肤常见于青春发育期的年轻人。但是，这类皮肤对物理性、化学性及光线等因素刺激的耐受性强，不容易产生过敏反应。只要注意科学护养，就会拥有一副健康、强壮和自然的面容。

控油秘方

补水法：随身携带喷雾，并且坚持适量喝水以补充水分。

食疗法：吃芦荟，可以解决满面油光和痘痘的问题。

急救法：用凉水或冰箱里的冰可乐冰一下脸部，能让毛孔立即缩小，再使用控油品，效果会加倍。

睡眠法：充足的睡眠是疲劳、熬夜、忧虑等状况的"减压油"。

面膜法：控油的同时一定要补水，自制的黄瓜面膜补水效果就不错。

精油法：葡萄柚和鼠尾草有不错的快速控油效果，还可美白并收紧脸部肌肤。

香水法：用半勺青柠檬和黄瓜的混合汁液敷脸。特别爱出油者，可再加入几滴纯正的法国古龙水。

混合性皮肤如何保养

什么是混合性皮肤？混合性皮肤兼有干性皮肤和油性皮肤的两种特点，脸颊部位和嘴唇两边是干燥的，在面部"T"字部位（额、鼻、口、下颌）呈油性，下颌处也会经常起小的粉刺，而且毛孔粗大。混合性皮肤多见于25～35岁之间的人。现代混合性皮肤的人越来越多了，除了一些人是天生的混合性皮肤外，还有一部分人是随着压力而变成混合性皮肤，也有一些人以前是中性皮肤或油性皮肤，但随着年龄、环境等变成混合性皮肤。

很多人都说这样的皮肤不好保养，其实只要针对混合性皮肤的特点给予适合的保养，肌肤就会得到很好的改善。那么混合性皮肤该如何保养呢？

混合性皮肤主要采取分区域护理的方法，即根据干性皮肤和油性皮肤的护理方法来进行分区护理：两颊、颧骨等干燥部位需要补充水分；脸部中间的"T"字部位需要抑制皮脂分泌，从而使皮肤清爽不泛油光。

具体要做到以下这些方面：

1. 保持油水平衡

注重日常皮肤的养护，补充充足的水分，保持油水平衡是关键。

2. 注意清洁工作

混合性皮肤每天需进行2～3次皮肤清洁。清洁皮肤时，在出油的部位可以适当地多洗一次，并且在出油的地方，可以3天使用一次磨砂膏进行深层清洁。

3. 选择合适的洗面奶

混合性的肤质在选择洗面奶时，不要选择泡沫型的，因为泡沫型的洗面奶会越洗越油，越洗越干。而乳液型的洗面奶，虽然洗完脸后感觉没有像泡沫型的那么干净，但洗完后可以保持很好的滋润度，一点也不会干，也不会很快出油。

4. 加强保湿工作

在日常保养时，要加强保湿工作，不要涂油腻的保养品，也不要整

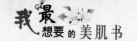

脸使用一种护肤品，结果造成油的更油，干燥的地方还是老样子。

5.选择两支面膜

混合性皮肤的人最好选择两支面膜一起用，有控油收缩毛孔作用的面膜敷在T区，补水作用的敷在两颊和额头。如果觉得这样太麻烦，只买一支的话，可以选择补水的，涂在T区时可以加点珍珠粉。注意不要选择撕拉型的面膜，不然再怎么保养小皱纹还是很容易出现的。

6.注意饮食

要多喝水，多吃新鲜水果、蔬菜，少吃油腻、辛辣食品。

7.用冷水洗脸

适当洗冷水脸，增强皮肤对环境的适应性，提高耐寒、耐热、耐光的能力，促进表皮细胞的新生。

8.不要化浓妆

尤其夏季化妆不要太浓。当出油较多时，可以用粉饼或吸油纸吸去。睡前必须彻底卸妆以利于皮肤呼吸。

9.注意防晒

外出要涂防晒霜，戴遮阳帽，防止日光对皮肤的损害。

10.不要用刺激性化妆品

使用同一牌子化妆产品，并尽量选择不含浓烈香味、不含酒精等刺激性物质的化妆品。

11.注意不同季节的养护

春、夏季混合性皮肤容易油腻，所以需要保持皮肤的清爽及收敛毛细孔；冬季皮肤干燥，则要加强滋润、保湿。

混合性皮肤的护理工作看上去似乎很麻烦，但只要找到一套适合自己的方法，就会变得非常简单易行。混合性肌肤也有它的优点：既不太油又不太干。混合性皮肤的人只要建立起一套完整的护肤步骤，合理地调养，就一定会拥有健康美丽的好皮肤。

最佳的护肤时段

你知道一天中最佳的美容护肤时段是哪几个吗？哪个时段又应使用哪种护肤产品吗？

晚10点～凌晨5点：这时细胞生长和修复最旺盛，细胞分裂的速度要比平时快8倍左右，肌肤对护肤品的吸收力特强。所以这时应使用富含营养物质的滋润晚霜。

早上6点～7点：细胞的再生活动此时降至最低点。由于水分聚积于细胞内，淋巴循环缓慢，一些人这时会有稍微肿胀情形。早晨的保养要应付一天中皮肤所承受的压力，如灰尘、日晒等。所以应选择保护性强的防晒、保湿、滋润多效合一的日霜。

上午8点～12点：肌肤的功能动作至于高峰，组织反抗力最强，皮脂腺的分泌也最为活跃。

下午1点～4点：血压及激素分泌降低，身体逐渐产生倦意感，皮肤易出现细小皱纹。肌肤对含有高效物质的化妆品吸收能力非常弱。这时若想使肌肤看起来有生气，可用一些精华素或抗皱保湿面膜。

下午5点～9点：这一时段可通过运动按摩来改善身体的血液循环，从而达到保健作用。

❀ 敏感性皮肤如何保养

敏感肤质即是皮肤角质层过薄，受不了刺激。敏感性皮肤与皮肤过敏是有区别的，但一般人常将二者混为一谈。敏感性皮肤牵涉到复杂的皮肤生理，以及由于后天保养不当而造成的皮肤损伤，它与单纯的化妆品过敏是完全不同的。有些人天生皮肤敏感，不过，更多的是由于后天环境的影响，如紫外线的伤害和忽冷忽热的气候变化，加之护理不当或生理、心理的压力过大而造成的。

敏感性皮肤的特征有：皮肤较薄；两颊与上眼皮可见毛细血管；眼周围、唇边、颈部等较干燥；皮肤缺乏光泽；容易有瘙痒感；容易发生过敏反应；皮肤稍受刺激，如日晒、季节交替、接触过敏物质、化妆品选用不当等，就会出现红斑、瘙痒、刺痛、烧灼感，甚至出现水疱等。

敏感性皮肤可分为苹果型、酸橙型和梨子型三种：

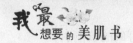

1. 苹果型皮肤

皮肤层薄，脸颊发红，有红色的血丝，皮肤纹理细致。这种类型的皮肤多是遗传的，只要血液循环顺畅，血丝就可以消除。建议洗脸时交替使用冷热水，使血液循环顺畅。

2. 酸橙型皮肤

油脂分泌多，易出汗，皮肤水分少，皮肤纹理粗。酸橙型皮肤虽然是油性过剩型，但也是极端缺水型，是保湿能力不足的皮肤。因为排汗太多，易使皮肤粗糙，毛孔粗大。建议以正确的方法洗去多余的油脂，再以柔肤水柔软皮肤，以达到保养的目的。

3. 梨子型皮肤

皮肤没有光泽，触摸的感觉很粗糙并异常干燥，皮肤常发生问题。普通的皮肤表面有油脂和汗水，而且有保护皮肤避免外界刺激的天然屏障，但是梨子型皮肤的这种机能很差，过冷过热的温度或强一点的风，都很容易使它发生问题。此种类型的皮肤需要由人工来保护，并应尽量避免外界的刺激。

此外，敏感性皮肤的护理工作还应具体做到：

1. 适度清洁

适度清洁是敏感肌肤的保养重点，因为毛孔内的污垢也是过敏发炎的祸首。但千万不要洗过头，如果皮脂层被破坏，皮肤就更加容易过敏。

2. 日常保养

早上洁肤后，除了保湿，还要用敏感皮肤专用的日霜，外出前还要涂防晒霜，晚上洗脸后，先用热毛巾覆盖脸两分钟，接着用冷毛巾覆盖一分钟，然后用营养型化妆水涂抹面部，轻轻拍打，让皮肤吸收，最后再涂上保湿防敏型的营养晚霜，轻柔按摩至吸收。

3. 选择合适的护肤品

敏感性皮肤应选用专门针对敏感性皮肤的护肤品，这些护肤品不含酒精，香味清淡，有镇静成分。应注意，不可频繁地更换护肤品。如果需要试用，请不要在身体感到疲劳或心情烦躁时试用，以避免皮肤内部充血，造成过敏反应。

4. 不要去角质

角质薄和角质损伤是造成敏感的主要原因，所以保养的首要原则就是维护角质不受伤害。清洁时注意不可过度，不要选用皂型洗剂，因为其中所含的界面活性剂是分解角质的高手。至于磨砂膏、去死皮膏等产品更应该敬而远之。

5. 减少刺激

当皮肤出现干燥、脱屑或发红状况时，就说明皮肤的健康状况已亮起了红灯。要让皮肤尽快复原，最好的方法就是减少刺激，不要过度接受风吹、日晒，不吃刺激性食物，停止当前一切保养品、清洁品的使用，让肌肤只接触清水。每天只用温水清洁皮肤，持续一周时间，然后再使用低敏系列的产品，慢慢地皮肤就会自行恢复健康。

6. 防晒

敏感性肌肤的表皮层较薄，缺乏对紫外线的防御能力，容易老化，因此，应该注意防晒品的使用。防晒品的成分也是造成刺激敏感的因素之一，因此最好不要直接涂在皮肤上，在擦上基础保养品之后，再涂上一层防晒品会比较好。

7. 注意保湿

敏感性肌肤浅薄的角质层常常不能保持住足够的水分，会比一般人更易感觉缺水、干燥，因而日常保养中加强保湿非常重要。除使用含保湿成分的化妆水、护肤品外，还应定期做保湿面膜。季节更替时，也需要留心更换不适用的保养品。

8. 不要过分滋养

现代的化妆保养品，强调的是高效性，对于敏感性肌肤而言，高浓度、好效果就是高风险、高敏感。因此，这类皮肤的人在使用保养品，尤其是精华液之类高浓度的活化品时，应先将其稀释一半后再使用，才较为妥当。另外，敏感性肌肤不适合用疗效性太强的产品，使用不给皮肤增加负担的非疗效性产品才是皮肤恢复健康的良方。

9. 不要化浓妆

尽量不化浓妆。如果出现皮肤过敏的现象，要立即停止使用任何化妆品，对皮肤进行观察和保养护理。

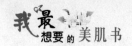

10. 补充维生素

维生素A、维生素B、维生素C都是皮肤代谢不可缺少的物质，能提高皮肤的抵抗力，免遭外界对皮肤的侵袭，尤其是维生素C有抗过敏作用。新鲜的蔬菜、水果含有较多的维生素C，都是很好的防过敏食品。

总之，敏感性皮肤的护理需要格外细心，但只要掌握了方法和规律，再麻烦的护理工作也会变得简单易行，皮肤也会变得健康亮丽。

奇异果紧肤面膜

作为水果中的营养之王，奇异果具有抗衰老、抗辐射、抗氧化和抗自由基等神奇功效。奇异果面膜的做法简单，将去皮奇异果一个、蜂蜜两匙，放入搅拌器中搅匀，敷于整个面部。休息放松约30分钟后，用冷水冲洗干净即可，可令肌肤更为细腻紧致。

蔬菜水果派

换季的时候，皮肤往往会过敏、发红，甚至出现皮屑，这时候除了要用化妆品"挽救"肌肤外，还要靠果蔬汁来"食疗"。将苹果、香蕉、橙子、西红柿一起放进榨汁机，自制果蔬汁饮用，对紧致肌肤可是很有帮助的！另外，每天一杯豆浆，及时补充体内加速流失的雌激素和钙质；多吃蔬菜水果，让丰富的维生素C抑制皮肤的氧化作用并预防色素沉积，这也是很不错的抗衰老方法呢！

第三章

洁肤第一步——粉嫩美人洗出来

要想拥有靓丽的肌肤，洁肤是第一步。因为，我们的面部皮肤总是暴露于空气中，会遭遇灰尘和空气的污染。而且皮肤的分泌物——油脂也会黏附在皮肤上。如果不注意适当的清洁，很容易导致皮肤出现毛孔堵塞、晦暗、无光泽等现象。所以，洁肤很重要，要在日常生活中做好脸部的清洁。

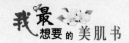

年轻容颜洗出来

俗话说："勤洗脸，容颜俏，勤洗澡，肤病消。"经常洗脸不仅能清洁面部的污垢，而且还可以使容颜变得红润光滑、娇艳如春之桃花。洗脸的次数不是越多越好，因为过多洗脸会洗去皮肤必需的油脂，破坏肌肤天然的保护膜。

洗脸——对肌肤保养十分重要

（1）洗脸让肌肤深呼吸。

洗脸的最基本功能就是清洁肌肤，即彻底地清洗面部的彩妆及脏空气造成的污垢。清洁肌肤让肌肤能深呼吸，因为若想要肌肤的表皮呈现出平滑和光泽的状况，就要依靠表皮中天然的水脂膜。与之相对应的，也因为它的存在，使得肌肤容易沾惹灰尘，而且黏附在肌肤上的污垢最多的是油脂，如果不适时地将油脂和脏东西清洗掉，如水的肌肤会因为无法呼吸而变得暗淡无光，缺乏生气。

（2）洗脸能促进代谢。

洗脸能帮助皮肤促进代谢，由于肌肤表皮细胞下层会不断往上推挤，最后成为最外层的角质层。假如不定期地将角质层去除，表皮就会逐渐增厚，进而造成皮脂腺、汗腺阻塞，产生青春痘。而此时，每天的洗脸工作就有用武之地了，可以在洗脸的时候用洁面乳清洁肌肤再加上定期除角质，可以帮助肌肤代谢，而且只要在洗脸后，补充肌肤水分，便可以保护肌肤不受外来刺激与伤害，可以稳定皮肤微酸性保护膜，保持肌肤健康。

洗脸能帮助更新肌肤细胞

洗脸能帮助肌肤更新细胞，由于肌肤表皮的生命周期大约是四周，从表皮的底层开始，新形成的细胞内大约有70％是水分，当上层细胞不断囤积，下层细胞无法再生，皮肤看起来就会粗糙暗沉。所以，洗脸可以帮助肌肤更新代谢，清洁细胞，使滋润效果更佳，让保养品有效渗透、滋润皮肤，排除肌肤内的毒素，使肌肤光泽亮丽，预防细纹的产生。

此外还要注意的是，每天洗脸次数应以两次为基准，除了早、晚各一次的洗脸以外，如果是油性皮肤的话或者接触太脏的环境后，中间可以再加洗一次。值得提醒的是，洗脸的次数不是越多越好，因为过多洗脸会洗去皮肤必需的油脂，破坏肌肤天然的保护膜，不但对原本干燥的肌肤会造成严重的伤害，而且对长有青春痘的肌肤来讲，不仅无法清除青春痘，反而更增加肌肤的刺激，从而使青春痘进一步恶化。

❀ 正确洗脸需注意

靓丽肌肤是青春与美丽的载体，拥有白皙、光滑、娇嫩的肌肤，特别是面部的肌肤，是每一位爱美女性的最大愿望。

调查结果表明，大部分的女性朋友都不能正确地洗脸。如今，在生活环境中的空气、阳光、水都已经被严重污染的情况下，加之要经常面对电脑，怎么样才能保护我们的皮肤呢？

大部分女性错误地认为，只要把化妆品抹在脸上，就是美容了。其实不然，皮肤的毛孔往往被皮肤的代谢物堵塞。滋生的细菌和毛孔异物会刺激毛囊发炎，容易形成粉刺、暗疮。如果长期在不干净的皮肤上美

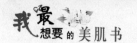

容化妆，虽然表面上看起来变白，却把污物和病变掩盖起来，只能使皮肤更加不健康。假如没有一个洁净的毛孔，再精细、再昂贵的护肤品也无法很好地吸收，甚至会产生排斥和过敏的现象。

护理皮肤应从洁面开始

经常洗脸可以预防皮肤毛孔扩大，皮肤毛孔粗大最易出现在皮脂腺最为集中的地方，如鼻子、两颊的正中、额头和下巴。假如皮肤长时间不洁净，毛孔中有积垢油污堵塞，可导致毛孔开口越来越大。而洗脸就是要彻底地清除由于新陈代谢而产生的皮肤废弃物以及卸妆时残留的面霜等。保持皮肤的清洁，以每天洗两次为最佳，晚上洗过之后可以涂一些晚霜或者爽肤水，给肌肤补水。

正确的洗面方法

首先，应选择与自身的肤质相适应的洁面产品，干性肤质可选用保湿效果强的洁面产品；油性肤质及混合性肤质，可在专业美容老师的指导下选用控油效果好的产品。

其次，把洁面乳挤一些放在手心里，滴上几滴水，充分揉搓至起泡沫，泡沫颗粒越细小，对皮肤的刺激越小，然后把泡沫均匀地自面部中央向外侧展开，也就是鼻翼两侧，横抹于面部，再用手从面部内侧斜向上轻揉约一分钟，然后，用温水把面上的泡沫洗净，再用手浇冷水于面部数分钟，然后让脸上的水滴轻轻拍打吸收，或用毛巾把水吸干。可以用冷水和热水交替洗脸，其原理是：热水可令血管扩张、毛孔张开、排除污物；冷水可令血管收缩、毛孔闭塞。因此，采用一冷一热的交替洗脸法，目的是为了增强血管弹性和面部肌肉舒缩的能力，保持肌肤的清洁和健康，令肌肤充满光泽和弹性。

切记，不要把洁面乳直接抹到脸上去（要先把指灰垢先清洗后再用洁面乳），更不要为了去污而拼命地揉搓皮肤或用面巾摩擦面部皮肤。

洗脸要按照一定的顺序进行，应从皮脂分泌旺盛的T字形部位开始，特别是额头中心位置，手法是由下而上，从内向外柔和地画弧形。这是因为面部血管行走方向是从下至上、从内到外。遵循血行方向洗脸，可以加快血液的循环。再者，由于地心引力的原因，容易使皮肤下垂，出现皮肤松弛的现象。而从下至上的洗脸方法，可以减缓皮肤下垂的速度。

洗脸和按摩的时候，切记动作要轻柔，否则便会破坏皮肤组织，加速皮肤衰老。

如果长期注重科学的洗脸方法，经常保持肌肤的深层洁净，清除皮肤的代谢物，促进护肤品的吸收，就能减少粉刺、痤疮等皮肤问题，有效改善面部肌肤细胞的活力，逐步帮助收敛粗大毛孔，使肌肤更加细腻光泽、娇艳迷人。

选择适合自己的洁肤品

洁面是一门学问，皮肤护理从清洁开始。如果肌肤清洁不彻底，不但容易使老化的角质层堆积在一起，堵塞毛孔，引发粉刺、痘痘、黑头、色斑等问题，还会影响到后续保养品的吸收，硬生生地把具有保养功效的护肤品变成一文不值甚至会危害肌肤健康的污垢。所以说，洁肤是一切护肤之本，只有做好了基础的肌肤护理，后面的护肤工作才有可能事半功倍。

去过美容院的姐妹们可能发现，美容师在给我们做肌肤美容的时候，用在洁肤上的时间甚至比给我们做保养的时间都要长，而当我们享受完专业美容师的洁肤后，往往已经觉得神清气爽，肌肤状况好像也一下子得到了改善。为什么我们在家里就达不到这样的效果呢？难道这洁

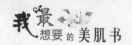

肤中暗藏着什么玄机？

　　每个人也许都不会承认自己不会洗脸。而光会洗脸还不够，因为洗脸并不等于洁肤。真正的洁肤究竟是什么，每一个专业的美容师都会给你正确而完整的答案。真正的洁肤包括三方面的含义：一是清除黏附在肌肤表面的污垢，如尘埃、细菌、粉尘等；二是清除人体分泌的汗液、多余的油脂、老化的角质层；三是清除掉皮肤上残余的化妆品。

　　只有完成了这三方面的清洁，肌肤才算是达到了彻底的清洁状态。而要完成这三方面的彻底清洁，并不是一件很简单的事。从专业的美容角度上讲，洁肤才是美容的关键。然而，依赖美容师帮我们解决洁肤问题，对想彻底洁肤的人来说，并不现实。

　　那么，如果我们对洁肤有了相当的了解，不也照样可以像专业的美容师一样给自己洁肤吗？选择适合自己的洁肤产品，运用正确的洁肤方法，不是只有专业的美容师才能做到的事，只要我们够细心、够耐心，就能像专业美容师一样给自己洁肤。

全面了解洁面产品

　　在化妆品卖场里，我们往往会被琳琅满目的化妆品搞得眼花缭乱，洁面品的种类就有好多，像不同性质的洁面皂、洗面奶、洁面摩丝、洗面喱、洁面乳，等等，数不胜数。

　　要搞清这么多种洁肤品的用途及用法，也是一项极为浩大的工程。洁肤产品总的来说分为两种：一种是洁面皂，另一种为洗面奶。洁面皂有碱性和酸性之分。一般碱性过强的洁面皂使用时会有刺痛感，用后感觉肌肤紧绷、干燥，也很容易刺激肌肤，造成肌肤敏感；敏感性肌肤不宜用此类产品洁面。弱酸性的洁面皂使用时会好很多，因为人体自身的肌肤呈弱酸性，性质相近，故此类产品较宜替代洗面奶使用。洗面奶的种类和洁面皂相比，就多了许多。

　　在商场里，你经常可以见到一些标着某某型洁面乳、洁面摩丝、洁面喱、洁肤露、洁肤液等不同质地的洗面奶；从功能上分，一般又有补水型、美白型、去油型三类。

　　洗面奶有这么多讲究，要怎么用才好呢？不用发愁，就让我们先来了解一下这些不同类型的洗面奶吧！

洁面乳

这是最常见的一种洗面奶，呈乳状或霜状，早期也叫洗面奶，现在也称洁容霜、洗颜泥、洁容膏等。美白和补水型的洁面乳通常泡沫不多，一些几乎没有泡沫，用上去感觉还黏黏的，用后却比较滋润。去油型的洁面乳泡沫一般较多，有些去油型洁面乳含磨砂膏，清洁能力强，洁面后感觉比较清爽，所以深受油性肌肤女性的欢迎。总的来说，洁面乳适合不同肤质的女性在不同季节使用，每一种肌肤类型的人都可以从洁面乳中选出适合自己使用的产品。

洁面摩丝

事实上，洁面摩丝与洁面乳大致相同，它们最大的区别只是在于包装的差别，洁面摩丝能直接从泵口挤出，使用起来更为方便，但是它们起到的效果是一样的。由于洁面摩丝性质非常柔和，故更适合敏感性肌肤、中性肌肤与干性肌肤者使用。

洁面喱

喱状的洗面奶，现在也较为常见。此种质地的洁面产品温和细致，无论使用时还是使用后感觉都很舒服，具有一定的滋润作用，最适合敏感性肌肤使用。

洁肤液

相比于普通洗面奶比较浓稠的状态，洁肤液呈现出稀薄的水状，性质极为温和，有很强的滋润作用，可在洁面的过程中帮助肌肤补充水分，令肌肤看起来水润清爽，适合各种肤质使用。洁肤液和洁面喱的质地、性质和功效几乎都相同。

其实除了上述专门的洁面产品外，还有不少其他产品可作为洁面产品使用，比如橄榄油就有很好的洁肤护肤作用，卸妆类产品也是很不错的选择。卸妆产品也有不同的种类，找出适合自己肤质的卸妆品来清洁

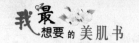

肌肤，也可以达到很有效的清洁效果。我们知道选择护肤品时要根据不同的肤质来选择，洁面品也是如此。

对于不同肤质的人来说，选择适合自己的洁面品也是清洁工作中最重要的一环。干性和中性肌肤的人应避免使用泡沫型尤其是磨砂型洗面奶，以及各类去油型洁面品，而应该选择具有良好补水效果的洁面品，像洁面摩丝、洁面喱、洁肤液都是很好的选择。油性肌肤需要去油这是一定的，有些人往往觉得光用去油类洗面奶还不够，再加上一些碱性洁面皂才能彻底清洁，这是很不对的。

使用碱性类洁面皂会使毛孔变得粗大，使肌肤变得干燥、紧绷，而且并不能深层去油。事实上，对于油性肌肤的人来讲，无论他们选择去油功能多强的洁肤品，都不能彻底地给肌肤去油，因为在洁肤后肌肤还是会出油。所以，油性肌肤在清洁时，不应过分地把选择洁面品的目光放在去油型产品上，还应适当选用一些具有补水功效的洁面品。在护肤品选择上，混合性肌肤则应根据不同部位的需要使用不同的护肤品，那么，在洁面品的使用上是否也是如此麻烦呢？

其实，对于混合性肌肤来讲，只要选用一些滋润类的洁面品就可以了。对于敏感性肌肤来说，选择适合自己的洁面品真是太重要了，任何不合适的洁面品都会导致肌肤产生过敏，当然需要特别注意。性质温和的洁肤液和洁面摩丝，都适合敏感性肌肤使用。季节变换，随之变动的不止是衣服的厚薄程度，护理品也要随着季节的变换而变换，因为肌肤也需要不同的外衣呵护。那么，又怎么能遗漏了洁面产品呢？

春季可以使用补水类和美白类洁面品。夏季要注意给肌肤更多清洁，具有高度去油、深层清洁、收敛等功能的洁面品不可少。秋冬季节，肌肤容易干燥，就应选用滋润型的洁面品。

洁面必备之工具

既然选择什么类型的洁面品及什么时候使用都需要注意，那么洁面工具当然也不可忽视。很多人洁面的唯一工具就是自己的双手，这也不免太单调了。而且，只用手的话，有时很难达到彻底清洁的效果。这时，最好有一些小帮手来帮忙。洁肤海绵、洁肤刷、棉片、棉签等都是洁肤过程中不可缺少的小工具。

洁肤海绵

海绵柔软而吸水，它既卫生，又能彻底帮助肌肤清除污垢，用来洁肤，比手还要温柔百倍呢！

洁面刷

洁面刷由刷毛和按摩凸点组成，而根据皮肤毛孔大小设计出来的刷毛，沾湿后会变得更加柔软，加上按摩凸点的帮助，可有效清理污垢，并通过给肌肤按摩，加快血液循环和新陈代谢，可以一举两得！至于棉片、棉签等，稍后我们将详细阐述它们的真正功用。

洁面中应注意的事

洗脸时，方式非常重要，而除了正确的洗脸方式外，洗脸的过程中还有很多需要注意的小细节。

※ 洗脸的时候应顺便洗下发丝

很多人发现，额头是最容易长痘痘的地方，是清洁不干净造成的吗？当然并不完全是。但是，如果你稍微粗心一点的话，痘痘就有可乘之机了。在使用洗面奶，尤其是泡沫型洗面奶时，可能会有一部分泡沫沾到发丝上，如果你不注意清洗，就会引起肌肤发炎，痘痘就趁机出来了。另外，有刘海的女生一定要经常洗发丝，发丝和额头经常亲密接触，要是它携带了细菌，额头就难逃被沾染的厄运。所以，洗脸的时候，顺便清洗一下发丝吧！

※ 擦脸最好不要用毛巾

很多人擦脸时喜欢用毛巾划拉一下脸。如果毛巾质地柔软，对肌肤并无大碍。但如果是粗硬的毛巾，就很容易划伤肌肤，长期使用，会令肌肤变得粗糙。正确使用毛巾的方法是：把毛巾贴在脸上，印干脸上的水分即可。不过，使用毛巾总要小心、小心再小心，因为一不小心，就会伤害到肌肤。所以，最好的建议是远离毛巾，避免伤害之源，也就顺利避免伤害了。你一定会说，不用毛巾，那脸上的水分要等它自然风干

吗？当然不能了，这样会一并带走体内的水分，这时候，棉片就派上新用场了。

防晒后要进行深度清洁

夏天的时候，为了防晒，姐妹们都会使用很多的防晒产品，其中很多具有防水抗汗性，如果晚上不注意清洁，就会堵塞毛孔。所以，在使用防晒产品后，一定不能忘记给肌肤进行深层清洁，保持肌肤的清爽。由于很多防晒品都是油溶性的，所以，如果使用一般的洗面奶清洗不干净的话，那么不妨试试卸妆油，先用卸妆油清洗，然后再用洗面奶清洗。双重清洁，立马彻底洁肤！

去角质，给肌肤进行一次"大扫除"

前一节中有提到，肌肤清洁有三层含义，去除肌肤表面老旧的角质，也是肌肤清洁的一部分。堆积在一起的老旧角质层，会让肌肤显得暗沉，缺乏弹性。去角质，给肌肤进行彻底的"大扫除"，是专业的美容师必须要做的工作。很多人洁肤后，擦护肤品时会发现脸上有一些"渣滓"，是洗脸时没有洗净的缘故吗？我们知道，肌肤具有新陈代谢功能，随着季节、年龄、环境等因素的影响，肌肤的再生会变得缓慢起来，老化的角质层就会在肌肤表面堆积，造成肌肤的粗糙。如果不去除这些老旧的角质，给肌肤进行一次彻底的"大扫除"，就会带来一系列的肌肤问题。然而，盲目地去角质，难道就是解决问题的办法吗？

角质层会因皮肤老化、清洁不彻底、日晒、出油、作息时间改变、天气变化等原因的影响，变得无法正常代谢。这不仅让肌肤失去平滑的触感，还使得日常的护肤工作无法正常进行。因此，为了保证肌肤的新陈代谢，避免许多肌肤问题，就要学会去角质。那么，都有哪些问题是我们在去角质之前必须要知道的呢？

如何判断肌肤上是否堆积过多的老旧角质？

肌肤上堆积过多的角质，会很明显地表现出来，通过以下方式就可轻易判断出脸上角质层是否过厚。

（1）观察。皮肤看起来有些暗沉、缺乏光泽。

（2）手摸。用手摸感觉有点粗糙不平、没有弹性。

（3）感觉。在使用护肤品之后，感觉很长一段时间之内，护肤品都"浮"在皮肤表面，不能迅速被肌肤吸收。

（4）检测仪。放大50倍的皮肤检测仪能够清楚的看到面部皮肤纹理和毛孔里的污垢、缺水等现象。

以上都是角质层过厚的信号。当肌肤出现这三种状况时，就是在提醒你：该去角质了！

※ 去角质后皮肤不会变薄

有很多人在做皮肤角质层测试的时候都发现，自己似乎应该去除角质了，但由于担心去角质后会让皮肤因变薄而变得敏感，所以迟迟不敢下手。事实上，只要温和、正确地去角质，就算是敏感性肌肤，也绝对不会因此造成很大影响，肌肤更不会因此而变薄，因为新陈代谢总会不断产生出新的角质层。所以，大可不必担心。

※ 角质层对肌肤的保护作用

去角质固然重要，可是我们同样不能忽视角质层对于人体的重要作用。角质层位于皮肤的最上层，只有百分之一毫米的厚度，却掌管着皮肤的新陈代谢和保卫工作。通常我们更关注如何去角质，而会忽视对角质层的保护。其实角质层就像皮肤的一道天然防护衣，默默保护着我们的皮肤，尤其在寒冷干燥的冬季，它既是肌肤的锁水衣和御寒衣，又是输送水分、营养的通道，还能帮肌肤防御紫外线、空气污染和辐射的伤害。

对于肌肤来说，角质层有三重功效：1.为肌肤保湿——抵抗干燥环境。角质层是肌肤与生俱来的一层保湿膜，它能在干燥的环境下，帮助肌肤锁住水分。角质层越湿润，它的保湿能力就越好。2.为肌肤保暖——减少温差伤害。天冷的时候，角质层就是肌肤的御寒衣。它通过新

陈代谢不断更新，能很好地保护肌肤免受室内外温差带来的这些伤害，比如，面部红血丝、黑色素沉淀、肌肤免疫力降低，等等。3. 为肌肤输送营养——从底层强壮肌肤。护肤品中的水分、营养必须经过角质层的传输才能到达肌肤深层，发挥功效。

无论是防止紫外线的照射、空气污染，还是各种辐射，要是没有角质层的帮助，肌肤也吸收不到护肤品的营养。因此，角质层作为输送通道，会让肌肤从底层强壮起来，从而保护肌肤免受内外环境的伤害。

※ 去旧的同时要保新

鉴于角质层对肌肤的防护作用，我们也应该学会保护角质层。肌肤的正常代谢会产生新的角质细胞，但新生角质细胞在刚开始时抵御外界伤害的能力并不够强大，因此需要着重保护。保护好新生的角质，让它们渐渐代替老旧角质，对肌肤进行保护，这样皮肤的厚度不会减少，皮肤也可以免受伤害，而其保护力和活力也会日渐增强。因此，在去除老旧角质层的同时，就要加强对新的角质层的保护。

※ 去角质前也要补水

前面提到有人洁肤后发现脸上有"渣滓"，怀疑是否是由于清洁不彻底引起。其实，那些"渣滓"并不完全是什么老旧的角质层，而很可能是新产生的角质层。它们是由于肌肤缺水才翘起来的。此时我们应该做的是加强给肌肤补水，而不是盲目地去角质，否则会让肌肤变得薄弱和敏感。

※ 不稳定的肌肤不宜去角质

去角质虽然是深层洁肤的必须，能让肌肤在瞬间焕然一新，并加快肌肤对护肤品的吸收，但也不是任何情况下都可以进行的。当肌肤出现敏感状况，产生炎症时，最好不要给肌肤去角质。比如，脸上有脓包或发炎的痘痘，就不适合去角质。如果痘痘是闭合式的，可以适当去角质，但是去角质时，最好还是要避开长痘痘的地方，不要碰到痘痘；肌肤上出现红血丝，代表肌肤正处于敏感期，此时，肌肤的表皮层很薄弱，如在此时去角质，无疑会让肌肤变得更加薄弱和敏感。另外，有皮肤病史的人要避免传染也不适合去角质。

如何有效去角质？了解了去角质的前提，必须要知道的一些事后，就该进入主题了。那么如何有效地去角质呢？问题马上又来了。

※ 去角质，选对产品很重要

市面上的去角质产品可分为四大类：酸类、酵素类、泥类及磨砂膏类。不同类别的去角质产品的性质和功效也有所不同。

酸类：一般又分为水杨酸和果酸两类。水杨酸类去角质产品配合其他护肤品使用，可提高其功效，适合敏感性肌肤使用，尤其是已发或易发暗疮的肌肤。果酸多是从天然水果中萃取的，也有人工合成的，对角质的去除功效最为彻底，但是需要选择值得信赖的护肤产品。如果要使用果酸含量超过15%的产品，需要专业的医护人员来操作。敏感性肌肤不宜使用。

酵素类：常被添加于清洁、去角质产品中，主要的作用在于温和溶解角质。此外，由于其作用具有专一性，不会刺激皮肤，故适合各类肤质使用。

泥类：和面膜相似，多从深海矿物中提取，也有的从各种绿色植物中提取有效成分，作为一种温和的去角质产品，适合各类肤质使用。

磨砂膏类：早期的磨砂产品由合成原料制成，现在多取自天然植物或矿物的纤维。按其颗粒大小，又分为大颗粒磨砂品和小颗粒磨砂品。大颗粒磨砂品磨砂效果较强，适合皮肤粗糙的人使用；圆滑小颗粒磨砂品，触感较柔和，适合皮肤娇嫩的人使用。磨砂膏类去角质产品是所有去角质产品中最为常见也最为普及的一种。

对于大部分人来说，磨砂膏类去角质产品效果比较明显。对于角质层较厚不易剥落的肌肤来说，磨砂膏似乎是最好的选择。尤其是油性肌肤，角质层极易堆积，堵塞毛孔，引发痘痘、粉刺等现象，使用磨砂膏，能让角质去得更为彻底有效。但如果肌肤本身较为薄弱，或者容易发生敏感，最好不要使用磨砂膏类产品。如果你不喜欢磨砂膏类去角质产品的微粒感，或者你的皮肤偏薄，乳液状或凝胶状质地的产品应该符合你的需要。它们去角质的效果比颗粒状的磨砂产品温和许多，可以在短暂的涂抹或温柔的按摩之后帮你达到去除角质的目的。

总之，一定要根据自己的肤质选择适合的去角质产品，不能盲目使用。事实上，除了上述专业去角质的四大类产品外，还有一些护肤品对

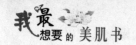

于去角质也很有帮助，大家不妨来了解一下。

化妆水：有些新的角质层会因为缺水而脱皮，给人需要去除角质的假象，这时候，就要及时给肌肤补水，而不是盲目地去角质。用化妆棉把化妆水均匀涂抹在肌肤上，并轻轻拍打，直至肌肤吸收，即可改善肌肤脱皮状况。

另外，就算是老化的角质，使用化妆水和化妆棉也能使角质温和去除，此法简单易行，可迅速清理角质层，有效去除肌肤表面的死皮，加速肌肤自我更新，恢复肌肤的细腻光滑。

面膜：清洁面膜或补水面膜，都是去角质的不错选择。一般清洁面膜多为泥类，清洁效果强，又无须按摩，也能迅速软化角质层；然而由于清洗它比较困难，且它具有一定刺激性，用后一定要注意给肌肤补水，以免造成肌肤干燥脱皮。而补水面膜能活化皮肤，使肌肤深层的水分往表层输送，使老化角质自然软化脱落。并且能够加强皮肤的新陈代谢，在剥落老化角质的同时滋润角质层，能及时补充新生角质所需的水分和养分。

精华液：精华液有抗氧化作用，涂抹在脸上，无需清洁，会在不知不觉中溶解老化的角质，也是一种性质温和、质地宜人的去角质护肤品，早晚可用。不过，一般在白天因为会受到紫外线的影响，故在晚上使用更合适。

※ 去角质，选对方式最重要

选择正确的去角质产品，不知道如何使用，或者使用方法不当，对于去角质来说，也是失败的。只有选对正确的产品，加上正确地应用，才能有效地去角质。

※ 轻柔按摩

轻柔按摩是使用洁面类去角质产品的正确手法，双手以由内向外画小圈的动作轻柔按摩，鼻窝处改为由外向内画圈，这才是正确而完整的去角质手法。尤其是使用磨砂膏按摩时，更要注意。因其对肌肤的刺激性，按摩时用力过大或者频率过高，对肌肤的伤害都是很大的。另外，使用磨砂膏时应注意避开眼睛周围。

※ 轻轻揉搓

类似于泥类的去角质产品，由于它在使用过程中去除老化角质的效果非常明显，因此也有人称这种产品为"去死皮素"。使用时将它以盖住肌肤颜色的厚度为准，均匀地涂在脸部，避开眼睛周围，15～20分钟后，用手指轻搓已变干燥的"去死皮素"，按照从内向外、从下到上的手法将它全部搓掉，老化角质就会跟着脱落。

另外，需要注意的是：凝胶类的去角质产品含有一定的水分，直接用在干燥的脸上效果较好，加太多水反而不好用。而乳霜类的去角质产品质地黏稠，需要在湿润的状态下进行。

常见的去角质误区

去角质也会陷入各种误区，希望聪明的你，不要陷入！

※ 去角质过频

肌肤去过角质后，摸起来分外光滑，看起来也很有光泽。但是，频繁地去角质，状况未必会好。有一个成语说得好：过犹不及。频繁地去角质其实是在伤害肌肤，会让它变得脆弱不堪。肌肤的正常代谢周期一般是28天，美容专家建议我们去角质的频率也应该遵循于此。然而，为了更好地护理肌肤，我们往往不能按照这个周期去做。一周一次，对于肌肤不会有太大的压力，也算是比较合理的去角质周期。

※ 按摩过度

如今，按摩似乎成为护理肌肤、抵抗衰老的法宝，越来越多的人开始利用按摩来给肌肤增加活力和弹性。但无论何种按摩，时间过久、用力过度，以及摩擦力度过大都会导致肌肤角质层受拉扯而变薄，从而失去保护能力。鉴于此种原因，按摩时间最好不要超过30分钟，除此之外，还要确保手法轻柔和顺滑。

※ 洗脸水温度过高

一到寒冷的冬天，人们就变得松懈和懒散，因为怕冷而选择水温较高的洗脸水。然而，不能不正视的现实是：当水温高出肌肤温度10℃以上时，角质层会因为过度受热而过多地蜕去，变得薄弱并且不均匀，很容易导致肌肤敏感。所以，洗脸水温应略高于肌肤温度，以不超过5℃为

宜。

※ 用磨砂颗粒对付脱皮

肌肤脱皮，让上妆变得很困难，还会影响上妆效果，因此，很多人索性用磨砂产品直接把快要脱掉的皮磨去。实际上，这些脱皮是角质层代谢不畅和严重缺水的表现，用磨砂产品反而会刺激角质层，加剧肌肤缺水，阻碍代谢。对于此种情况，最好应该给肌肤补充足够的水分，软化死皮，让角质层重新振作，而不是盲目地去角质。

※ 去角质后不注意保湿和防晒

肌肤在去角质之后，虽然变得比较细腻光滑，但是却不能免受一些伤害，去角质后的保湿和防晒是必不可少的保养程序，一定不可以忽略。虽然我们的角质层有防晒和保护皮层的功能，但是新生的角质层防晒和保护功能比较弱，如果肌肤受到阳光的强烈照射，或者不能及时补充水分，角质层就会受到破坏。

❀ 敷面膜前你一定要知道的事

面膜不仅能有效地帮助肌肤清洁，并且可以有针对性地对肌肤进行一定程度的补救，同时给肌肤增加各种营养。作为一种流行的护肤手段，面膜越来越广泛地被使用，可以说几乎随时随地都有人在做面膜。但是，对于面膜，你又了解多少呢？

全面了解各类面膜

面膜有不同的类型，从功效上可分为保湿面膜、清洁面膜、去油面膜、抗衰老面膜、美白面膜五类。保湿面膜能帮助肌肤迅速补充水分；清洁面膜能有效清洁肌肤，改善肤色；去油面膜能帮助肌肤去除多余油脂；抗衰老面膜有抗皱、防衰老作用；美白面膜能帮助肌肤美白，淡化色斑。另外，从形态上，面膜也可分为剥离型、水洗型、擦拭型、凝胶型、棉布型五类。不同形态的面膜对皮肤也有不同的功效。

剥离型：该类面膜敷在脸上一定时间后，会形成一层薄膜，做完面膜后将薄膜撕掉即可。而通过撕拉的方式，也可将毛孔中的污垢及死皮清除干净。故此类面膜适合油性肌肤、毛孔粗大及有黑头的姐妹使用。不过在使用当中需要注意手法，不能用太多力气，以免拉伤肌肤，更不能天天使用。

水洗型：顾名思义，是涂在脸上可以洗的类型，和洁面乳差不多。清洁效果很强，故又叫清洗型。

擦拭型：此类面膜一般是膏状或泥状，涂在脸上一段时间后，用化妆棉等搓掉，具有一定程度的清洁作用，但不适合干性和敏感性肌肤的人使用。

凝胶型：呈凝胶状，也是涂抹在脸上，等它干后清洗掉即可。需要注意的是：涂抹此类面膜务必要保证一定的厚度，否则会影响面膜效果。

棉布型：通常是将调配好的高浓度营养精华液吸附在棉织布上，使用时敷到脸上即可。这种面膜成分上易于控制，可以根据使用者的需求随意添加养分，能快速提高肌肤的含水量。

此外，现在也流行一种按摩型面膜，也有很多种分类，一般分为热能面膜、渗透式面膜、砂粒型面膜。热能面膜通过热能打开毛孔，将深层的污物疏导出来，同时将控油成分注入毛孔深层，深度净化毛孔，令肌肤像洗过蒸气浴一样舒爽；再加上按摩提高热感，能帮助有效成分快速渗透。渗透式面膜的油脂含量较高，感觉很滑，有良好的杀菌作用，能加速肌肤愈合，温和去除角质，适用于各种肤质。砂粒式按摩面膜更像磨砂膏，当然它没有普通磨砂膏那么粗，细小的砂粒混迹在浓稠的面膜膏里，能帮助清洁毛孔，去除老化角质和控油。

面膜使用错误知多少

※ 加班熬夜后做面膜

熬夜后，肌肤变得干燥、暗黄，做个面膜补救一下，才能出去见人啊！姐妹们，如果你这样想，那就错了。专家告诉我们，人的皮肤在压力状态下，最容易出现干燥、粗糙、长皱纹、暗黄、长痘痘等现象，这是因为皮肤的毛细血管在焦虑情绪的影响下，容易充血、僵硬、免疫力下降。这个时候，肌肤是最不能受到刺激的，而面膜作为一种高效美容产品，虽然能在短时间内抑制毛孔呼吸，加速面部血液循环，让营养物质更快地渗入到肌肤中，但这样一个过程，无疑是在对肌肤进行刺激。在肌肤疲劳的状态下做面膜，很容易出现皮肤红疹、刺痛的现象，因此，姐妹们千万不能在肌肤疲劳时做面膜啊！

当然，面对肌肤问题，也不能不闻不问。在晚上给肌肤做一个全面的清洁，然后涂上滋润效果强的护肤品给肌肤补充水分和营养，等肌肤恢复正常后，再进行面膜修护即可。

※ 使用美白面膜前补水

美白面膜可以在短时间内为肌肤提供大量的美白营养成分，其超强的渗透能力可令肌肤得到显著改观，使肌肤达到前所未有的理想状态。然而，由于美白面膜偏干，如果肌肤缺水，很容易产生刺痛感。所以，在使用美白面膜前一定要先给肌肤补水。

当然，除了美白面膜外，一些面膜在使用前也需要给肌肤补水。如滋润型面膜，应在使用前给肌肤涂上爽肤水或者柔肤水。

※ 不洁面直接敷面膜

很多人知道做面膜前应该先洁面，这样才能帮助肌肤吸收养分。可是，面对清洁型面膜，很多人往往觉得洁面就没必要了，反正肌肤有多少污垢，都会被清理掉的，没必要多此　举。看起来的确是这样。然而，不能忘记的是，在使用清洁型面膜的时候，必须先给肌肤补水，如果不洁面就补水的话，肌肤吸收不到水分，补了也白补；而如果不补水，又很容易产生刺痛感。面对这样的难题，姐妹们，还是先洁面吧！

※ 一张面膜敷两次

棉布型面膜多半是独立包装，通常我们使用此类面膜时，包装袋中会残留一部分的营养液，而我们按照说明时间做完面膜后，面膜上也还湿湿的，很多人觉得就这样丢掉很可惜，有二次使用的打算，这样很不可取。一方面是面膜上已经携带了大量的细菌，另一方面是面膜在保存过程中也会继续滋生细菌，不适合再用。

如果觉得将包装袋里的营养液丢掉可惜，倒是不妨拿来涂抹身体的其他部位，比如手部、颈部等，不过，千万不能拿来涂眼部，这样做很可能会刺激到眼部肌肤。

※ 面膜涂得过薄

在涂抹凝胶类面膜时，一些人往往掌握不住面膜的厚度，老担心涂得太多，既浪费又不能达到好的效果。其实大可不必担心，完全可以放心涂抹。厚厚的面膜敷在脸部上，使肌肤温度上升，血液循环加快，能使渗入的养分在细胞间更好地扩散开来。而且，肌肤表面那些无法蒸发的水分会留存在表皮层，让水分饱满的皮肤光滑紧致。温热还会使角质软化，毛孔扩张，乘机将堆积在里面的汗垢排除。

※ 使用面膜后不用护肤品

面膜虽好，也要结合其他护肤品使用，不要以为肌肤做完面膜看起来光滑细腻有光泽就很好了，不需要进一步的保养。肌肤变好，这是好现象，应该保持才对，及时用护肤品留住肌肤的这种美丽不是更好吗？在做完补水面膜后，很多人往往会觉得肌肤已经补充了足够的水分，不需要再去补水。这样似乎并没有错。

然而，补水面膜固然能帮助肌肤补水，对于张开的毛孔却无能为力，在做完面膜后给肌肤涂上紧肤水，再擦上保湿乳液，可更有效锁水。

面膜使用常见问题大盘问

※ 面膜可以每天使用吗？

这要看是什么类型的面膜。我们知道，面膜有补水型、美白型、清洁型、去油型、滋润型等。大多数面膜都不能天天使用，因为肌肤的新陈代谢会有一定的时间，频繁地使用面膜并不能保证肌肤有效吸收其中的营养，反而会给肌肤造成负担，但也有例外。比如保湿面膜，也就是补水面膜，就可以天天使用，对于干燥的肌肤来说，每天的补水都很重要。而除了补水面膜外，过多使用其他类型的面膜总会给肌肤带来负面影响。每天使用清洁面膜会造成肌肤敏感，甚至红肿，使肌肤失去抵御外来侵害的能力；过多使用滋润面膜则容易引起暗疮；过多使用美白面膜会破坏肌肤的角质层，使肌肤变得薄弱、敏感；过多使用去油型面膜

也会引起内分泌失调，造成油脂分泌不均或者分泌更多。

※ 面膜间隔多长时间使用一次才合适呢？

有些人常常会间隔很久才去做一次面膜，事实上，无论面膜的功效有多强，用一次都很难达到效果。对于不能天天使用的面膜，到底间隔多久使用一次才合适呢？一般来说，面膜在不同季节间隔使用的时间不同。在炎热的夏季，一周可以做上2～3次，而在寒冷的冬季，一周则只需做1～2次即可。而对于按摩型面膜来说，一周一次就足够了。

※ 敷面膜时有刺痛感怎么办？

有一些人在敷面膜的过程中会出现过敏问题，针对这样的状况，我们应该怎么办呢？

首先，应该对过敏状况作一个简单的判断。一般来说，轻微的、一次性的刺激是正常的。但如果脸部出现脱皮或长时间的刺痛，就应该严肃对待，必须立即停用面膜，防止肌肤出现更严重的情况。如果真的造成了过敏，肌肤出现红肿发炎反应，可以用冷毛巾或者冰袋冷敷，停止使用过多的保养品，只需使用含有保湿效果的护肤品，并注意防晒，等肌肤慢慢恢复即可。情况严重者，就要找医生解决。

事实上，这些都是事后的对策，在问题出现之前作好预防才是最重要的。对于肌肤敏感的人来说，在敷面膜之前一定要先进行测试，看看要使用的面膜会不会使自己的肌肤过敏。

简单的测试方法是：将少量面膜涂抹在手肘内侧的皮肤上，20分钟后若无过敏反应，则可敷在脸上。另外，当脸部极度缺水时，如果立即使用含有补水成分的面膜，容易产生刺痛感，所以，在敷此类面膜前要先涂抹一些化妆水。

※ 敷面膜时间越长越好吗？

使用补水面膜时，如果敷长一些时间应该能补充更多的水分吧？这样可不对！千万不要以为把面膜敷长一些时间就可以帮助肌肤吸收更多的养分，要知道，敷面膜的时间过长，肌肤里的养分会重新回到面膜上的！尤其是棉布型的面膜，最容易吸收肌肤的养分，一定要按照面膜使用说明时间使用。除了遵照说明书，你还可以根据不同的面膜作一个大概的估算：水分含量适中的，大约15分钟就卸掉；水分含量高的，可以多用一会儿，但最多30分钟就要卸掉。由于晚上10点以后是敷面膜的最佳时间，很多人会选在晚上10点以后进行。

然而，一方面由于将面膜敷在脸上，肌肤感觉很舒服；另一方面，由于困乏，人很容易入睡，导致敷面膜过夜，这是很不可取的。因此，姐妹们在敷面膜时，一定不能睡着！

※ 面膜使用后，需要清洗吗？

面膜刚从脸上拿下来总感觉湿湿的，要不要立即清洗呢？这些都是营养液，如果清洗掉的话会很可惜，你可以轻轻地拍拍脸部，等它干了以后再洗。要是很长时间都干不掉，也不要让它再停留在脸上，这说明肌肤的营养已经足够，不能再吸收营养成分了，那么，就应该及时把这些多余的营养清除掉，以免营养物质在脸上停留时间过长，滋养外部细菌，带来一些肌肤问题。当然，现在也有很多面膜是免洗型的，这样的产品，当然可以省去这一步骤喽！

第四章

美丽的痛，拯救频频触礁的肌肤

　　谁的肌肤都不是生来就如陶瓷娃娃那样白皙、粉嫩，总会遇到各种各样的肌肤问题，这些肌肤问题成了困扰女性的麻烦之一，成了她们心中的隐痛，暗黄、色斑、黑眼圈、眼袋……从现在起，不让肌肤问题成为你情绪的天敌，做一个完美无瑕的靓肤美人吧！

脸上无皱，心中无纹

白皙细腻、宛如陶瓷的肌肤，是每个女人的最爱。可是，皮肤的生长期一般在25岁左右就结束了，光滑娇嫩的肌肤开始被皱纹一寸寸地蚕食，所以我们要先下手为强，做好各种防护措施，让皱纹来得晚一些，更晚一些。

这一阵子每晚都会忙到很晚才睡，早上起床洗漱时对着镜子一看，竟意外地发现了几条藏在眼角的鱼尾纹，浅浅的，让人无端感伤岁月的无情。女人是花，护养不当便会形容憔悴。看到这些细小皱纹，很少有女人是不心急的，我更是不能让鱼尾纹在脸上肆虐，抹掉这些细纹，让我的青春之花常开不败！

下面这些方法都是我在抗皱过程中总结的，效果不错，操作简单，现在拿出来分享一下，希望姐妹们再也不用为"皱"心焦了。

去皱也可以返璞归真

米饭团去皱：家中香喷喷的米饭做好之后，挑些比较软的、温热又不会太烫的米饭揉成团，在脸上轻轻滚揉，把毛孔内的油脂、污物吸出，直到米饭团变得油腻、污黑，然后用清水彻底冲洗，可使皮肤呼吸通畅，减少面部皱纹。

鸡骨去皱：皮肤真皮组织的绝大部分是由弹力纤维构成，皮肤缺少了它就失去了弹性。鸡皮及鸡软骨中含有大量硫酸软骨素，它是弹性纤维中最重要的成分。把吃剩的鸡骨头洗净，和鸡皮一起煲汤，不仅营养丰富，常喝还能消除皱纹，使肌肤细腻。

果蔬去皱：丝瓜、香蕉、橘子、西瓜、西红柿、草莓等瓜果蔬菜对皮肤有最天然的滋润、去皱效果，又可制成面膜敷面，能使皮肤光洁、皱纹舒展。西红柿中含有丰富的维生素C，能保持皮肤弹性，防止上皮细胞萎缩角化。把西红柿切碎榨成汁，加少许蜂蜜调匀，涂抹在脸上，有很好的去皱效果。橘子所含的维生素B，有收敛及润滑肌肤的作用。将橘子带皮捣烂，浸入低度白酒内，加适量蜂蜜，放入冰箱一周后取出食用。有润滑皮肤及去皱纹的功效。将香蕉搅成泥，加半汤匙橄榄油，搅拌调匀，涂抹在脸上，也有去皱效果。

生命不息，去皱不止

喜欢皱眉头、大笑的人是否发现脸上已经留下了不少小皱纹？别急，解决问题并不难，只要每天5分钟，在脸上东按按、西摸摸，很快就能恢复以往细致、光滑的状态！

消除眼下皱纹：先在眼皮、眉毛和太阳穴抹上一些细腻润滑的按摩霜，然后手指轻按在双眼两侧，接着把皮肤和肌肉朝太阳穴方向拉，直到眼睛绷紧为止，双眼一闭一张连续6次，然后松手。重复4次，约1分钟的时间。

消除眼角皱纹：眼角的肌肉离额角很近，将食指和中指按在双眼两侧，轻轻闭上眼睛，手指向斜上方轻推眼侧皮肤。如果眼皮下垂，则手指缓缓朝两旁耳朵方向推移，从1数到5，然后松手，重复6次。伴随使用细腻润滑的按摩霜。

消除前额皱纹：双手合掌，拇指朝向脸部，靠在额头中央，鼻子的上方。两手上下移动，利用拇指至手腕的肌肉按摩额头。再以同样的姿势，从一侧的太阳穴，按摩额头至另一侧太阳穴，往返3次。如此重复3次。伴随使用细腻润滑的按摩霜。

健美下巴肌肉：先在下巴涂一些细腻润滑的按摩霜，以右手食指从右侧嘴角的下端开始，用力按摩下巴的右半部，来回10次；再以左手食

指按摩下巴的左半部。另外，用手指将下巴尽量往上推，使下唇紧贴着上唇，从1数到15。

健美脸颊肌肉：将食指和中指按在嘴角边，轻轻将皮肤肌肉往鼻子方向推，再用力把手指划过脸颊，将脸颊皮肤肌肉带向耳朵。如此重复6次。

OK，下面的任务就是美美地去睡一觉，早上起床的时候去照照镜子，微微笑一笑，看看你的肌肤是不是像细瓷那样美？

❀ 长痘痘背后隐藏着什么？

照片上有瑕疵，可以PS掉，脸上有瑕疵，拿什么来去掉呢？痘痘就好比脸上的瑕疵，你是不是正在寻找管用的祛痘法呢？

在学生时代，我经常为脸上时不时冒出来的痘痘而烦恼，只要有时间逛街，我就到处搜集祛痘产品。即使是现在，"一大把"年纪了，偶尔睡眠不足、心情不好、吃辣过多时，还会有小痘痘出来捣乱。不过，这么多年的"战痘"经历，让我有了满满一箱子祛痘"装备"，只要敌人一冒头，就能对其进行精准打击。现在，我就把一些"战痘"心得与各位受痘痘困扰的姐妹分享一下吧！

"痘花"制作过程大揭密

大家可别小看了这小小的痘痘，光是长痘痘的原因就有十多种。只有找对原因，咱们才能"对症下药"，找出解决办法。

（1）精神紧张压力大。长时间处于压力之下、经常处于紧张状态、容易失眠的人，特别容易出现痘痘。解决办法：如果你的紧张是间歇性的，那么不必太操心。只要加强清洁、保证睡眠，痘痘便会很快消失；如果你有自律神经失调的倾向，脸上的痘痘一直好不了，建议先去看心理医生，等心理状况好转，痘痘也就自动消失了。

（2）水土不服。环境的变化会让皮肤不适应或肤质暂时改变，特别是突然来到温度、湿度高的地方，皮肤油脂分泌增多，容易产生痘痘。解决办法：根据肤质变化做好调理工作，随身携带吸油面纸，使用水质保养品。

（3）换季。很多人在春夏换季的时候脸上会长痘痘，这是由于天气忽冷忽热，皮肤油脂分泌增加，而新陈代谢仍维持原来水平，毛孔堵塞引起痘痘。解决办法：在T字区使用控油产品，两颊做好保湿工作，使整个脸水油平衡。

（4）残妆。有些痘痘是因为化妆没洗干净造成毛孔堵塞所引起的，特别容易出现的地方是发际、鼻翼、眉间。解决办法：加强卸妆和清洁的工作，使用清洁霜+洗面乳的组合进行彻底清洁，另外，每星期做一次去角质工作，保持皮脂腺顺畅。

（5）便秘。便秘问题通常都会导致唇部四周出现痘痘，那是因为体内的毒素积聚，通过皮肤排出时引起长痘。解决办法：调整饮食习惯，多摄取高纤维的蔬菜水果，让便秘的情况得到改善，痘痘自然会消失。

（6）饮食刺激。常吃过油、过辣、高热量的食物，比如麻辣火锅、串烧、奶油、巧克力等，也会使痘痘在脸上安营扎寨。解决办法：刺激性食物不要经常吃，就算吃也不能吃太多，日常饮食要搭配富含维生素的食物，尽量吃得清淡一些。

（7）睡眠不足。熬夜、睡眠不足都会导致肌肤新陈代谢紊乱，痘痘频发。这种痘痘多出现在额头部位，再配上一张睡眠不足的蜡黄脸，真难看！解决办法：保证每天8小时以上的睡眠，除非万不得已，尽量不要熬夜，养成良好的作息习惯。

（8）内分泌失调。有些女孩子虽然清洁工作做得挺勤快，脸上出油也不多，可总是会出现一些成片的细小痘痘，这多半是内分泌失调引起的。解决办法：在继续做好清洁肌肤的同时，调理好自己的内分泌，通过内服与外养肌肤来达到标本兼治，痘痘问题自然迎刃而解了。

（9）药物。是药三分毒，特别是有些药物本身就含有刺激性成分，如含溴化物、碘化物的药品，以及一些避孕药内含的性激素，都会对痘痘的发生起到催化作用。解决办法：容易长痘痘的人在使用药物时要先注意药物成分，尽量避免服用含有以上成分的药物；因口服避孕药而长

痘痘的姐妹，是否可以尝试一下其他避孕方法呢？

（10）角质厚重。有时候，干性皮肤也会长痘痘，倒不是油脂分泌过多，而是角质积累堵塞了毛孔，"闷"出了痘痘。解决办法：按时做好去角质的工作，保持毛孔顺畅。

（11）生理期。有些女孩子在生理期前一周，下巴部位特别容易长痘痘，这是由内分泌改变引起的。解决办法：生理痘痘在月经过后会自动消失。所以只需在长痘痘的时候使用一些消炎、镇定的保养品就可以了。

我的"战痘"宝典

白糖洗脸去痘：在用洗面奶洗完脸后，取一点儿白砂糖放在手掌上，加少许水，用手掌磨细（防止太过刺激），然后放在脸上揉洗1分钟左右，再用清水洗干净。每天洗3次，一个星期后就能感觉到面部光滑白嫩，长期坚持对消除暗疮、痘印都很有效。

苹果消痘贴：将沸水倒在一片苹果上，泡几分钟直至苹果变软；将之从水中取出，待其冷却至温热时贴在痘痘上，保持20分钟；取下，用清水洗净面部。

维生素E胶囊：把胶囊刺破，涂在痘疤上，可以加速皮肤修复的进程。维生素E是皮肤新陈代谢的催化剂，任何护肤品的维生素E浓度都不可能高过胶囊，所以它超级有效。

❀ 黑头！看我怎么治你

黑头总是让人满腹牢骚又无处发泄，明明看起来漂亮的脸蛋儿，总是时不时地被冒出来的几个黑头给煞了风景。也许你认为一颗两颗黑头没有人会注意到，无伤大雅，那你就错了，没听说过细节成就美女吗？人们对于美女的评判可是细致又严格。

草莓好吃，但若是被人叫做"草莓妹"，估计没有几个人心情会

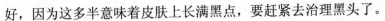

好，因为这多半意味着皮肤上长满黑点，要赶紧去治理黑头了。

黑头是粉刺的一种，是皮肤毛囊表面出现的黑色点状物。它形成的原因是：毛囊阻塞后，皮脂不能顺利地排出，在毛囊内形成脂栓，脂栓经过空气氧化和与外界灰尘的混杂变成黑色，在皮肤表面形成一个小黑点，所以叫黑头。黑头多见于鼻子周围和眉心，一般被视为是暗疮的前期，若感染发炎就会形成暗疮。

黑头代表了什么

现在请你找一面镜子，然后一边看下面的文字，一边对照观察你的脸。

鼻头：如果你鼻头的黑头、粉刺在清干净后大概两三个星期又开始有。那很正常，但要是清干净后三四天就又冒出来了，那就得注意养脾胃。因为从中医角度来讲，鼻子会反映出你的脾胃部健康状况。有酒糟鼻的人脾胃都不太好，就是因为喝酒太多把胃伤了。

下巴、人中：如果下巴、人中处老是有黑头，但脸上其他地方没有，很可能是消化系统出问题了。比起外用的去黑头产品，有助于消化的食品或药物是你更加需要的。

眉心：如果眉心的黑头、粉刺特别粗大，你就要考虑最近是不是压力太大，或者颈椎出了问题，因为眉心会反映出颈椎的健康问题。

鼻翼周围：这是一个跟心情有关的地方，仔细看看，你鼻翼两侧的毛孔如果是圆形，那就是单纯的油性皮肤；但毛孔如果往下斜，那就表明你有情绪压力。假如眉心和鼻翼周围都经常出现黑头，那你就该问问自己：要不要度个假啊？那些烦心事儿少想点儿行不行？

额头：这里是生殖系统的反射区，很多姐妹月经来之前会在额头长出许多黑头，这是正常现象，最好的对待措施就是不要惹它，月经完了之后自然就好了。

简单有效去黑头

下面这两个小方法能有效祛除鼻子上的黑头和死皮，使皮肤润泽光滑，姐妹们不妨试一试。

白醋粗盐清洁鼻膜

材料：粗盐1小匙，白醋1小匙，滚开水半杯。

做法：将粗盐、白醋放入滚开水中，搅拌到粗盐全部溶解即可，用棉签蘸盐醋水擦黑头部位，洗至水变凉。

小苏打去黑头

做法：小苏打加纯净水和开，将棉片浸入小苏打溶液中，再拧干，贴在有黑头的皮肤上，约15分钟后取下，用纸巾轻轻揉出黑头即可。

最后还要提醒一下姐妹们，想把黑头清除而不想毛孔变大，不论用哪种办法，事前最好先蒸一蒸脸，令毛孔自然张开，不仅有助于排出污物，也有助于清洁。清除完黑头后，最好用冰冻蒸馏水或爽肤水敷一下，不仅能镇静皮肤，还可以收缩毛孔。

❀ 不一"斑"就是不一般

斑是很常见的皮肤病，以至于只要不是很严重，就没有人会注意它。它常表现为脸部较小的圆形、卵圆形黄褐色或褐色的小斑点，一般集中在脸部尤其是鼻梁和脸颊部分，主要与遗传有关，它的发展和受日光照射的强度有密切关系，在夏季日晒强烈时比较严重，冬季会有所减轻，多见于女性。

最难摆脱的肌肤问题，色斑肯定要排在前三位。遗传问题留下的雀斑，强烈的紫外线带来的晒斑，因为怀孕而长出来的妊娠斑………这些斑点带来的困扰不是三言两语就可以说尽的，有哪个女人能坐视斑点在脸上肆虐而不采取措施呢？

听着音乐，品味着香浓的卡布奇诺；喜欢阳光的热吻，棕色肌肤显得那样性感；抱着baby，体会做母亲的喜悦……这些都是幸福人生的精彩片段！可就在你不经意间，讨厌的色斑已经趁虚而入。如果说天生的几点雀斑还能让你显得可爱俏皮，那些因后期保护不当产生的斑点绝对是一种困扰，它不仅影响美貌，也预示着你的肌肤正在走向不健康的歧途。

废话不多说，目标只有一个：告别斑点，找回无瑕的肌肤。

揪出色斑"元凶"

元凶之一——紫外线：前面已经说过，肌肤新陈代谢周期是28天，正常代谢时，黑色素会随着细胞逐渐往皮肤表层推进，最后与角质一起脱落。但如果代谢速度赶不上黑色素沉积的速度，黑色素累积下来就形成色斑，这就是产生色斑的主要原因。而造成皮肤黑色素生成过多的主要因素就是紫外线，紫外线激活了产生黑色素的酪氨酸酵素，我们的脸上就留下了岁月的痕迹。

元凶之二——污染、辐射：我们每天都要忍受烟尘、灰尘、汽车尾气，尤其是电脑或电视机屏幕产生的辐射，对肌肤的摧残更甚。强烈建议各位姐妹，千万不要再迷信素面朝天的美丽定理了，一定要用隔离霜、防晒霜，或者适当上点儿粉妆，它们都有阻挡这些污染的作用。

元凶之三——生活压力：超负荷的工作、超重的精神压力，再加上增长的年龄、不均衡的营养摄入、不合理的生活习惯等几重"配合"，导致身体的排毒系统不能高效、彻底地完成任务，体内的毒素不能及时、有效地排出，这时就容易长斑。

元凶之四——劣质化妆品：劣质化妆品可能含有铅、汞等有毒金属物质，以及各种劣质香料、精油等成分，具有强烈的吸光作用，也容易导致色斑产生。

别怕，别怕，看我超级祛斑食疗方

找到了色斑问题的元凶，接下来我们就要想方设法将它们"缉拿归案"，给姐妹们奉上几款超级祛斑食疗方。

西红柿汁：每天喝一杯西红柿汁，或经常吃西红柿，对防治雀斑有很好的作用。西红柿中含丰富的维生素C，被誉为"维生素C的仓库"，而维生素C可以抑制细胞内酪氨酸酶的活性，有效减少黑色素的形成，从而使皮肤白嫩、黑斑消退。

柠檬冰糖汁：将柠檬榨汁，加适量冰糖，非常好喝。柠檬中含有丰

富的维生素C，100克柠檬汁中所含的维生素C高达50毫克。此外，柠檬还含有钙、磷、铁和B族维生素等。常饮柠檬汁，不仅可以美白皮肤，防止皮肤血管老化，消除面部色斑，还有防治动脉硬化的作用。

黑木耳红枣汤：原料为黑木耳30克、红枣20枚，将黑木耳洗净，红枣去核，放入锅中，加三大碗水，煮半个小时左右即可。黑木耳可以润肤。防止皮肤老化；大枣和中益气，健脾润肤，还能让黑木耳发挥更大的功效。每天早、晚餐后各喝一次，可以驻颜祛斑、健美丰肌、改善面部黑斑问题。

胡萝卜汁：胡萝卜含有丰富的维生素A原。维生素A原在体内可转化为维生素A，有滑润皮肤的作用，并可防治皮肤粗糙及雀斑。

防患于未然也很重要

（1）长斑不仅仅是肌肤问题，还与身体疾病有关，尤其是妇科疾病，如乳腺增生、痛经、月经不调等，都会造成一些肌肤问题。这个时候，从祛斑入手并不能彻底解决问题，要先把身体调理好。

（2）要多喝水，多喝汤，多吃水果，但千万要注意不可过量，否则会造成身体水肿、虚胖。

（3）注意防晒是根本，因为皱纹和斑点大部分都由日晒引起。

（4）运动可以促进血液循环、活化肌肤的新陈代谢，有抑制肌肤斑点产生的作用。个妨选择游泳、有氧舞蹈、瑜伽等室内运动，避免长时间在户外运动。

❀ 不再让它"痘"你玩

某一天早上，正值青春期的小表妹，起床后照镜子时，突然发现自己的脸颊正中心冒出了一颗痘痘，红红的、肿肿的。不仅有碍观瞻，而且还很疼，让爱美的小表妹十分苦恼。一大早就跑到我家，向我要良方。

我发现她的变化，却掩嘴笑了起来，说她长大了，以后不可以再和我没大没小的了。可是小表妹问我："长大了就要长痘痘吗？那我宁愿不要长大了！"

也是啊，十几岁的女孩子还在为拥有第一颗青春痘而偷偷烦恼的时候，二十几岁的姑娘已经为赶走青春痘而忙碌了，兴许三十几岁的女人看到脸上新冒出的痘痘还在感慨："我依然青春！"可是当那些红肿的小痘痘一直伴随着你的娇容的时候，你的心情还会这样从容么？

都是内分泌惹的祸

相信很多女性朋友曾经，或正在受到痘痘的困扰。随着年龄的增长，有些女人以为青春期结束了，痘痘也该消失了。然而工作压力的加大、电脑辐射的增加、作息规律的打乱，使得痘痘又接二连三地跑到脸上，甚至"久居"不下……特别是过了青春期以后，还会长出"熟女痘"，它与青春痘的成因不一样。

青春痘是皮脂腺分泌旺盛造成的，而我们所谓的"熟女痘"，一般是由于内分泌和脏腑功能失调所引起。回顾一下自己的生活，不难从中找到原因。

25岁以上的都市女性生活压力日益增加，情绪不佳、饮食没规律、睡眠不足、疲劳过度以及化妆品使用不当都会诱发痘痘。

《素问·生气通天大论》中讲到"汗出见湿，乃生痤。高粱之变，足生大丁，受如持虚"。中医认为，痘痘的产生有两个原因，一是吃东西口味重，营养太丰富；二是面部毛孔不开，脏东西（营养物质）郁积，从而转换成为痘痘。另外，女人因外界的刺激如服用避孕药、吃太多垃圾食物，也会出现痘痘问题。

特别是到了夏秋季节，更是痘痘的高发季节。因为夏季女人体内的新陈代谢旺盛，燥热的天气，会使体内的水分和营养更容易流失，再加上酷热难眠，很容易造成女人内分泌失调；而入秋后，暑热还没有完全退去，"秋老虎"让气候忽冷忽热，此时女人的身体特别容易受到侵袭，会耗伤气血，导致内分泌失调。

中医认为，外在的状态，往往是身体内部的反映。皮肤就像是身体

的一面镜子，有一百个人长痘，就有一百种具体的原因。而女人面部所长痘痘的位置，恰可以反映出内脏所产生的各种变化，代表女人体内不同的脏器，正在抗议自己的不适。

通过对"痘痘地图"的准确识别，对照找出相应的内脏进行调理，那么对付恼人的痘痘也不是一件难事。

痘痘生长大不同

在额头——用脑过度的女性

表现：压力大，脾气差，造成心火和血液循环有问题。

对策：应养成良好的生活习惯，保证充足的睡眠，放松心情，记得多喝水。

在双眉间——工作超负荷的女性

表现：胸闷，心律不整，心悸。

对策：不要做太过激烈的运动，避免烟、酒、辛辣食品。

在鼻头——饮食不规律的女性

表现：胃火过盛，消化系统异常。

对策：少吃寒性食物。因为寒性食物容易引起胃酸分泌，造成胃火过大。

在鼻翼——纵欲过度或禁欲的女性

表现：与卵巢机能或生殖系统有关。

对策：一定要及时清除毛孔污垢。另外，不要过度纵欲或禁欲。多到户外呼吸新鲜空气。

在右边脸颊——工作环境空气不流通的女性

表现：肺功能失常。

对策：平时应注意呼吸道的保养，泻肺热。尽量避免食用芒果、芋头、海鲜等易过敏的食物。

在左边脸颊——工作、用眼过度的女性

表现：肝功能不顺畅，有热毒。

对策：注意作息正常，保持心情愉快，饮食注重清热，泻肝火。该吹冷气就吹，不要让身体处在闷热的环境中。

在唇周边——消化不良的女性

表现：便秘导致体内毒素累积，或是使用含氟过量的牙膏。

对策：应多吃高纤维的蔬菜水果，调整饮食习惯。

在下巴——作息、饮食不规律的女性

表现：内分泌失调。

对策：要少吃冰冷的东西，尽量多吃清淡的食品。

全脸——生活不规律的女性

症状：皮脂腺分泌紊乱。

对策：注意头发清洁、尽量减少用手触摸脸颊，彻底卸妆、注意防晒。

做好痘痘全垒打

和青春痘相比，熟女痘似乎来势更猛。皮肤水油分泌失衡，反复无常，久久不退。女人应做好对抗痘痘旷日持久战斗的准备。

※ 饮食上，坚持"三多两少"原则

多锌、维生素、粗纤维：锌可以增加抵抗力，女性朋友可以从玉米、扁豆、黄豆、萝卜、蘑菇、坚果等食物中摄取；维生素A对肌肤有再生作用，如菠菜、生菜、杏子等。维生素B_2及维生素B_6则可参与代谢蛋白质，促进脂肪代谢，平复暗疮。当然，女人也不要忽略对维生素C和维生素E的摄取；粗纤维食物，可以促进胃肠蠕动，加快代谢，使多余油脂排出体外，如全麦面包、笋、大豆等，女人一定要多吃它们。

少食肥甘厚味、辛辣腥臊等食物：肥甘厚味，是指动物油、芝麻、花生、蛋黄等油脂食物；辛辣食物则易刺激神经和血管，容易引起痘痘复发，而腥臊食物则容易起过敏反应，令皮肤状态恶化。

※ 保养品以清爽为主

在保养品的选择上，由于成熟女性的肌肤多数是因为过于敏感或缺水，所以青春痘的产品不适用于熟女痘。应该选择专为熟女痘肌肤设计的保养品。

※ 良好的生活习惯

吃饭要定时，饮食均衡；避免生活没有规律而造成的体内激素不平

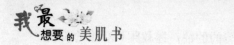

衡。只有这样才不会造成便秘、消化不良等情形；适量做运动，将体内积累的毒素及时排除，自然就不会影响到皮肤了。

※ 学会自我调节、减轻精神压力

在竞争激烈、压力巨大的环境中，女人很容易神经紧张、精神压抑、情绪不稳定，从而影响人体内分泌的平衡，引发脸上的痘痘。可以观察一下身边的人，越是心态平和、乐观积极的女人，皮肤越会明亮而有光泽，很少有痘痘这样严重的肌肤问题发生。这往往得益于身心的平衡。

※ 适当地按摩

一般来说面部如果长痘，在按摩时要特别注意，甚至要避免直接用手去按摩。但是，女性朋友平常可以按压自己的合谷穴和曲池穴，它们对于预防青春痘，以及促进皮肤的正常生理运作也有一定的功效。

曲池穴，位于手肘内侧弯曲的位置，将手肘内弯时用拇指按压此处凹陷处，能感觉到微微的疼痛。可用拇指略微用力按压，以略感疼痛为基准，按5秒后松开，双手交替互按3～5分钟。

合谷穴，能够使大肠经脉处组织和器官的疾患减轻或消除，实现排出体内堆积毒素的目的；曲池穴与人体的新陈代谢也有密切关联。所以经常按压两穴，可以帮助女人在日常繁重的工作闲暇之余排毒减压。最重要的是，按压合谷穴简单快捷，不管是在开会，还是坐车，都能随时随地给自己来个健康穴疗！

🌼 当脸上长了粉刺怎么办？

没参加工作的时候，同寝室的小姐妹中，有的脸上长满了粉刺，连鼻子上面都有。而且经久不退，有的长达2年，仍没有好转的迹象。她们也曾用过很多祛痘产品，但就是效果不理想，让她们不胜苦恼。要是放在如今，我就给她们出主意了。可是那时候小啊，出了问题就知道自己懊恼，却不想解决的办法。

先让我们来了解一下粉刺吧。

粉刺又名痤疮，多见于青年人，是由于青春期性腺发育成熟，内分泌旺盛，皮脂分泌过多造成淤积，细菌在积聚的皮脂内生长繁殖，而形成粉刺。刺头部常有小小的脓疱，一旦破溃就会导致色素沉着形成暗斑，或形成坑状疤痕；如果护理不当使炎症扩张，甚至会形成有痛感的皮肤硬块。这些小硬块就是囊肿，特别是破溃者遗留又大又深又不规则的条索状斑痕，质地很硬，严重者可是会毁容的。想想都觉得可怕啊。

因此长了粉刺的女性朋友们要加倍注意。下面介绍一些基本的防治方法。

首先，要注意饮食，建立良好的饮食习惯，要注意"四少一多"，即少吃辛辣食物（如辣椒、葱、蒜等），少吃油腻食物（如动物油、植物油等），少吃甜食（如糖类、咖啡类），少吃"发物"（如鱼、虾、牛羊肉等），多吃蔬菜、水果。

其次，最好不吸烟，不喝酒及浓茶等，活动性、炎症性痤疮（如丘疹、脓疱）患者要少晒太阳，避免风沙，太冷、太热、太潮湿的场所也对痤疮不利。

再次，对于油性皮肤者，需要尽量减少面部的油脂堆积，用硫磺皂洗脸是很有效的方法，多洗几次效果尤其明显，香皂和酸性肥皂不大适宜，然而值得注意的是，硫磺皂对皮肤保养有很多不利之处，长期使用会使皮肤干燥粗糙，因此，这种方法因人而异，仅提出供适当考虑。

最后，长了粉刺后，用手强行挤压会造成毛囊口粗大，容易感染，并使皮肤变粗糙，因此尽量不要挤压，需要时，要用消过毒的专门工具。

最最后，再唠叨一句，要保持心理健康，不要老是上火，经常性地清火排毒也是很重要的。

✿ 和脂肪粒说再见

脂肪粒是长在皮肤上的白色小疙瘩，大小不一，大至小米、小至针尖，一般出现在什么都不擦的年轻女性以及儿童脸上，尤其是眼睛的周围。当身体内分泌失调，致使面部油脂分泌过多，同时皮肤又没有彻底地清洁干净，导致毛孔阻塞时，皮肤表面就会出现一颗颗小的油脂粒。另外，当皮肤上出现有微小的伤口时，皮肤会在自行修补过程中生成白色的小囊肿，不易消去，也会形成脂肪粒。很多人把眼睛周围的脂肪粒怪罪于眼霜，认为是眼霜含脂肪太多，皮肤吸收不了就堆积在脸上，这是错误的看法，一般不用眼霜的人会比用眼霜的人有更多的脂肪粒。

要预防脂肪粒，首先得做好清洁工作，每晚进行深层的清洁很有必要。另外在日常保养时不要使用过油的护理品，同时要定期清理老化质。在饮食方面要少吃油腻食品，多吃青菜，多喝清水。

那么，万一不幸长了脂肪粒怎么办？

方法：因为不是很严重，可以用针挑，现在说说挑的方法吧。等脂肪粒变白色或显淡黄色就可以挑了。

（1）拿一根绣花针，记得用25%的酒精消毒。

（2）慢慢地、小心地把里面的白色的脓粒挑出来，下手一定要轻，不要钻到真皮层里。

（3）用棉签沾点酒精在伤口处消毒。这步很重要，因为伤口受了感染就很容易留下瘢痕（没有酒精用酒也可以）。

（4）涂点药膏。然后用创可贴贴上，一天后就可以取下来了，切记一天换两次创可贴，最后千万不要沾水。

过几天你会发现伤口上面结痂了。大概十天就好了，因为没有破坏到真皮层，所以不会留下印记。

如果很严重你还要去挑的话，会很痛而且又会长出来的。建议不要自己在家里弄，应该到美容院找专业的美容师挑除。

红血丝

有人脸上会出现红血丝的症状，这非常影响美观，所以患者也为之烦恼。美容专家介绍说，脸部出现红血丝的原因是人脸部皮肤角质层比较薄，毛细血管分布较浅，所以，对外界刺激特别敏感，红血丝很容易浮出来。在皮肤敏感的初期，脸部红、痒、肿，在皮肤外面可以清晰地看到一条条的红血丝。以下为脸部红血丝病因的详细介绍。

1. 环境刺激：高原性气候、长期风沙气候和强烈紫外线辐射使脸上出现红血丝。

2. 不当护肤使脸上出现红血丝：过分地去角质、化妆品含有重金属超标、酸性成分破坏和激素性依赖等。

3. 血液循环不良：先天遗传、后天获得以及身体缺乏维生素和微量元素都可导致脸上出现红血丝。

4. 不良生活习惯使脸上出现红血丝：嗜辣、烟酒等，过度疲劳和偏食，身处环境的冷热温差过大。

由于形成红血丝的原因很复杂，所以单纯地使用化妆品治疗是治标不治本的，必须通过恢复角质层活力，增加皮肤弹性，增加毛细血管弹性，才有望能彻底根除红血丝。那么，爱美的女性朋友们，怎么才能彻底摆脱红血丝的困扰呢？

※ 到美容院接受光子嫩肤是一种选择。

※ 在日常生活中可增强皮肤锻炼，经常用冷水洗脸，增加皮肤的耐受力。

※ 经常按摩红血丝部位，促进血液流动，以增强毛细血管弹性。

※ 避免频繁出入于冷热突然交替的地方，那样会引起红血丝加重。

※ 在生活饮食上尽量避免日晒，不吃刺激性的辛辣食物，避免刺激皮肤。

※ 经常用毛巾浸清水冷冻后在脸上敷一敷，也有助于减轻红血丝。

❁ 面部皮肤松弛

年纪大了，在我们的脸上会出现很多肌肤问题，如皱纹，眼袋，黑眼圈，等等。对于女性朋友来说，除了这些很难解决的问题，最怕遇到的还有脸部皮肤松弛。因为这让人看起来更加老气，非常不美。那么，产生这一现象的主要原因是什么呢？

造成侧脸下垂、轮廓线条逐渐模糊的原因，除了暂时性的浮肿和赘肉以外，还有年龄的增长导致了胶原蛋白的流失，这些都会使肌肤失去弹性而下垂。25岁是个关键期，若不加以保养，30岁以后会更加下垂老态。

面部皮肤松弛有很多表现。用手指捏起皮肤，然后放开，如果皮肤褶皱平复缓慢，就表明皮肤弹性减弱。

造成这种现象的原因很多：年龄增大，皮肤细胞老化，皮肤逐渐失去弹性；脸部肌肉松弛，造成皮肤随之松弛；皮下脂肪流失，使得皮肤松垂。年龄增大因而皮肤老化是肌肤松弛的主要原因，但是遗传、精神紧张、生活不规律、受阳光过度照射以及酗酒吸烟也会造成皮肤结构的改变，从而皮肤失去弹性变得松弛。

那么，怎么改善面部的皮肤松弛呢？

※ 松弛的皮肤一定要经常加以按摩

按摩有助于促进皮肤的血液循环，加强皮肤对营养的吸收能力。如果按摩之前在皮肤上涂上一些润肤的精油，由于它的纯植物性及高的渗透性，去皱效果会好一点。

※ 服用维生素C

维生素C可以有效保护细胞不受紫外线伤害和中和游离自由基，而且有助于合成胶原蛋白，可以改善皮肤皱纹和皮肤松弛现象。

※ 补充胶原蛋白

可以通过注射、口服补充胶原蛋白，使皮肤的支撑能力得到显著增强。

※　最后，平时要涂抹一些紧肤的化妆品做辅助。还要多喝水，随时补充各种维生素，尤其是维生素B。另外，吃一些治疗脾虚的中药，也有利于改善肤质。

❀　消黑眼圈于无形

所谓的"黑眼圈"其实主要分为四类：

第一类，血管型黑眼圈

眼部周围的血液循环不仅与自然的衰老有关，而且也与造成衰老的生理性变化有关，比如怀孕时、更年期，由于身体内的激素分泌有变化，都会导致浮肿。这时候如果不及时调整和治疗，色素将日渐沉积下来，衰老会进一步加深。

第二类，色素型黑眼圈

色素型黑眼圈可能来自家族遗传，但更多的是后天色素沉淀所致。比如皮肤炎症、药物疹、阳光暴晒、极度疲劳等。在这类情况下如果不给予及时的或正确的保养，就会令色素加深，黑眼圈的状态由浮肿变为色素显露。

第三类，眼袋型黑眼圈

色素的加深已经警示这块最为脆弱的肌肤开始有了问题，如果我们依旧置之不理或方法不得当，老化将进一步加强——眼袋逐渐形成。如果还不治疗很容易造成永久性眼袋。而接下来呢？专业美容外科医生的经验是：有了眼袋，没有眼角细纹是不太可能的。

第四类，皱纹型黑眼圈

眼袋一旦成型，一定要及时早应对，否则它会缀连眼角的皮肤形成皱纹。因为眼皮的保水性在肌肤中是最差的，加之眼皮支撑力不足，促使下眼皮一道道沟壑般的皱纹形成。而且时间久了，眼袋还会皱纹牵拉得越来越重，这时候，人的老态显露无遗。

彻底去除黑眼圈是一个缓慢的过程，因为眼部四周肌肤并没有油脂

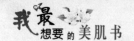

腺，肌肤很脆弱，不能加以太多的保养方法，只能在日常护理中慢慢改善。

1. 冰敷

用冰垫或冰冻了的毛巾敷在眼睛上，令眼睛周围的血管收缩，帮助眼周肌肤消肿，也能抑制充血。

2. 茶叶包敷眼

把泡过的茶叶包滤干，放在冰箱中片刻，取出敷眼。记住一定要滤干，否则茶叶的颜色反而会让黑眼圈更加明显。

3. 土豆片敷眼

土豆具有美白的功效，把土豆切成薄片，敷在黑眼圈处，美白黑眼圈处肌肤，从而改善黑眼圈的状况。

4. 使用眼霜或眼膜

现在有许多眼霜和眼膜有净白和滋润的效果，涂眼霜的时候配合一些轻柔的眼部按摩，舒缓黑眼圈的侵袭。奥婷有一款美白修护眼霜很切题，是直接针对黑色素形成根源的配方，而且吸收得比较好。如果时间比较充裕的话，做一个滋润舒缓的眼膜效果会更好，缓和眼部疲劳的同时，滋润眼部肌肤。

5. 使用遮瑕产品

在上粉底前，在黑眼圈地带涂上遮瑕产品，轻轻按摩直至遮瑕产品均匀涂抹完全渗透，然后再上妆。

另外，在有黑眼圈困扰的时期，尽量避免服用阿司匹林，因为阿司匹林是抗凝血剂，会使造成黑眼圈的充血雪上加霜。还有一个消除黑眼圈的食补法，用黑木耳50克，红枣10个，红糖100克煎服，每日2次。经常服用，有消除黑眼圈作用。这个方法要持之以恒，偷懒不得。

※ 鸡蛋银戒指转眼

将蛋煮熟，去壳，用毛巾包住，再放入纯银戒指。闭上眼睛，在眼部四周转来转去，每边约10次。

点解：热力加按摩，可增加眼部血液循环。加埋鸡蛋及纯银戒指的（神奇）作用，有散淤功用。

※ 马蹄莲藕渣敷眼

洗净马蹄莲藕，马蹄刮皮，然后将莲藕马蹄切碎。将材料放入榨汁机，再加2杯水搅拌。将水滤渣，然后敷眼10分钟。

贴士：水可以饮用，双管齐下。临睡前敷效果最好，可以减低出黑眼圈的机会。莲藕及马蹄以胀身、皮呈光泽及实净为之靓。

点解：莲藕及马蹄分别含有粉质、铁质及蛋白质，有散血去淤作用。

※ 土豆片敷眼

刮土豆皮，然后清洗，切厚片约2厘米。躺卧，将土豆片敷在眼上，等约5分钟，再用清水洗净。

贴士：夜晚敷，更有助消除眼睛疲累。土豆以大个的为佳，因为覆盖面较大。有芽的土豆不要用，因为有毒。

点解：土豆含粉质，可补充眼部所缺。

※ 苹果敷眼

将苹果切片。紧闭眼睛放上眼袋位置。等待15分钟。用蘸了水的棉花球轻拭眼睛。

贴士：切开的苹果，不想被氧化，可用盐水浸住。

※ 柿子敷眼

切开柿子。用匙羹挖出柿肉，捣匀。敷上眼10分钟。用湿毛巾抹掉。

贴士：最好早晚敷一次。柿子以熟透为佳。

点解：柿子含丰富维生素C，增强皮肤的更新能力。

※ 蜂粉蜂王浆

蜂粉1茶匙＋蜂王浆1花匙。混和后在黑眼圈位置薄薄地敷上一层。1小时后以清水洗去。每天敷1次，1星期见效。

点解：蜂王浆含氨基酸，有漂白作用，且有促进新陈代谢之效。

饮食习惯去除黑眼圈

（1）若因肝脏功能不好而引致黑眼圈，需多吃芹菜、茼蒿等绿色蔬菜，水果则宜多吃柑橘类。

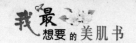

（2）每天喝一杯红枣水，有助加速血气运行，减少淤血积聚，亦可减低因贫血而患黑眼圈的机会。

（3）早上喝一杯萝卜汁或番茄汁，其中所含的胡萝卜素具有消除眼睛疲劳的功用。

（4）多喝清水，有效地将体内废物排出，减低积聚机会，亦可减少黑眼圈，最好每天饮8杯。

（5）缺乏粉质、铁质及维生素C，会引致黑眼圈的出现，所以平日应多摄取这方面的营养，如面饭、猪肝、菠菜、蕃茄等食物。

眼袋

眼袋是由于眼窝中的脂肪消减而形成的，与年龄的增长有一定关系，也与用眼不善和保养不力有关。它会使眼睛周围的皮肤变得干燥，并且有碍美观。最好的办法是在眼袋没形成之前预防，但是倘若眼袋已经形成，就可采取一些补救方法，改善眼袋浮肿的情况。

（1）冷敷消肿：如果因为睡眠不足而引起了眼袋，可以通过冷敷的方法加以缓解。用保鲜纸包好两三块冰粒，把毛巾对折盖在眼皮上，然后把冰块放在上面。用冷冻茶包或浸过冻牛奶的化妆棉，也有消肿镇静作用。

（2）自制小黄瓜眼膜：黄瓜的美容功效毋庸质疑，可以在眼袋的部位，把切片的小黄瓜敷上，用来镇静肌肤帮助减轻黑眼圈的症状。不过千万记住，敷完小黄瓜眼膜的皮肤干净细薄，容易晒伤，所以要躲避阳光，以免消除了眼袋却多了雀斑。

（3）做吸脂手术会有不错的效果：眼袋是眼部脂肪囤积所造成的。这也和本身体质有很大的关系，遗传因素占很大比重。如果眼袋真的很严重，在脸上很明显，或显出老态，去专业的美容院做一下吸脂手术会有不错的效果。

（4）睡前喝水要适量：容易产生眼袋的人应该多运动，或常做脸

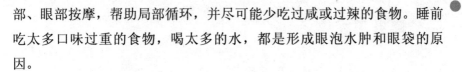

部、眼部按摩，帮助局部循环，并尽可能少吃过咸或过辣的食物。睡前吃太多口味过重的食物，喝太多的水，都是形成眼泡水肿和眼袋的原因。

（5）眼霜不能过油：过于油性的眼霜，皮肤难于全部吸收，使多余的油脂粒堆积在眼部周围，而形成眼袋状。眼霜最好还是选用质地清爽的产品，避免出现油脂粒堆积。

✿ 改善嘴唇颜色黯淡状况

嘴唇颜色黯淡的原因有很多种，气候不适、饮食不规律、挑食、营养不良、长期唇部化妆不当以及一些生活上的小细节等问题都会影响到嘴唇的颜色。

如果想改善嘴唇的颜色，需要注意以下问题：

第一，每天至少要喝足2000毫升的饮用水，茶、果汁、菜汤、运动饮料等都可以算是补充水分的一部分，但咖啡和啤酒等不能够算在饮用水之内。

第二，改掉舔嘴唇和咬嘴巴的习惯，这些都会伤害到嘴唇。

第三，选购品质较好的护唇保养品，最好在睡觉前涂上护唇保养品，那是最好的护唇时间，会使嘴唇一整天看起来都很润泽。

第四，选购高品质的唇彩或口红，品质好的化妆品色素不容易沉淀残留，对嘴唇的伤害比较小。

第五，卸妆一定要彻底，否则色素沉淀在嘴唇上，也会使嘴唇颜色黯淡。

❀ 嘴唇干燥

很多人都抱怨自己嘴唇干燥，这种现象发生的原因大致有两种，或者是缺少维生素，或者是缺少水分。

那怎么改善嘴唇干燥的状况？

（1）多吃新鲜蔬菜和水果，如黄豆芽、油菜、白菜、白萝卜等，以增加B族维生素的摄取。及时补充足量水分，充足的饮水量，对于人体机能的均衡有很大帮助，能有效防止嘴唇干裂。

（2）无论男女，都应使用护唇膏来呵护双唇，尽量选择添加刺激性成分少的无色唇膏。过敏体质的人，用棉签将香油或蜂蜜涂抹到嘴唇上，也能起到很好的保湿作用。尽量避免风吹日晒等外界刺激，可以采取戴口罩的办法来防护。

（3）酸奶柠檬法。

配方：酸奶一勺+新鲜柠檬汁两三滴。

做法：

①将酸奶混合柠檬汁后，搅拌均匀；

②放入冰箱冰15分钟；

③用棉棒均匀涂抹在嘴唇上后，用一块大过嘴唇的保鲜膜盖住，15分钟之后揭下；

④温水清洗嘴唇，涂上润唇膏。

效果：干燥起皮的嘴唇恢复鲜嫩光泽，同时恢复好的部分因为经过酸奶和柠檬的滋润，比以前更锁水，再配合上润唇膏，可以很好地对唇部进行保护，防治嘴唇干裂的再次复发。此外酸奶和柠檬两种原料的采集十分便捷容易，不需要特定的药品，是日常生活中最便捷的嘴唇干裂护理的方法。

缺点：御寒能力不强的MM，要忍受冰冻的感觉15分钟。

（4）蜂蜜胶囊法。

配方：蜂蜜一勺+维生素E胶囊若干。

做法：

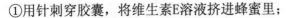

①用针刺穿胶囊，将维生素E溶液挤进蜂蜜里；

②将混合物搅拌成淡黄色糨糊状；

③睡觉之前用棉棒取一点轻轻抹在嘴唇上。

效果：可以与到美容院做护唇后的效果媲美，绝对是爱美人士护唇的最佳选择。

缺点：自制力不强的MM，很容易不自觉地把涂在嘴唇上的蜂蜜舔干。

（5）用湿毛巾或非常柔软的牙刷慢慢除去死皮，选一种深层滋润的凡士林或橄榄油涂沫，改善唇部肌肤干燥、脱皮的现象。使用含有维生素E等抗氧化成分以及芦荟、薄荷等具保湿、消炎功能的天然原料制成的滋润唇膏，能更好地留住双唇水分，滋润唇部肌肤。

❀ 莹肌如玉散，真没让我错爱

关于治粉刺，咱们古人琢磨了一大堆方子，总体来说，我个人最偏爱莹肌如玉散。

纵观中国的美容史，明朝人作出了不朽的贡献，研发出了许多美肤的方子。周定王主编的《普济方》，朱棣主编的《永乐大典》，太医院使董宿、方贤之编的《奇效良方》，均载有大量美容方剂。这款专门消灭粉刺的莹肌如玉散，就源于《普济方》。《普济方》是中国历史上最大的方剂书籍，所载方子竟超过了6万，是一部实用的方子大全。看来，这周定王虽身为帝王贵胄，也还是一位伟大的学者。

莹肌如玉散是以绿豆粉、白芨、白芷、白蔹、白僵蚕、白附子、天花粉、甘松、山奈、香茅、零陵香、防风、藁本、皂角为原料。将这些药材一起研磨成粉，混合均匀后，每天取少量洗脸，即可祛除痘痘，令颜面光洁如玉，因而得名莹肌如玉散。

莹肌如玉散

配方：绿豆粉60克，白芨、白芷、白蔹、白僵蚕、白附子、天花粉各30克，甘松、山奈、香茅各1.5克，零陵香、防风、藁本各6克，皂角100克。

制作及使用方法：将所有配方研细末，瓶装密封备用。每日洗脸时倒入10克于水中，化开后洗脸。

皂角，味辛，性温，微毒，能除湿毒、治疮毒、咳嗽痰喘等，有些人脸上长粉刺就是因湿毒郁滞。绿豆粉的清热解毒作用，已是家喻户晓。天花粉作为药用历史悠久，《神农本草经》称它"味苦寒，主消渴身热，烦满大热，补虚"；张仲景在其《金匮要略方编》中称天花粉"能除热，生津液，益阳气"。绿豆粉与天花粉都是优秀的"消防队员"，强强联手，粉刺岂有容身之地？防风和藁本，都是祛风解表、除湿的良药，能抑制病菌、病毒损伤皮肤。香茅、零陵香，这两个带"香"字的药材，一看即知是香料了，它能使整个粉剂芳香扑鼻，充满春天的甜美味道，相传西施也用它们来做香粉原料呢。山奈，即香科山奈子，有类似于冰片的作用，可辟秽化浊。甘松可使皮肤由黑变白。这莹肌如玉散香气袭人，除湿解毒，又能让皮肤变得白白嫩嫩，三效合一，痘痘自然跑光光！

说起这莹肌如玉散，民间还流传着一个传说呢。清朝时，有一个地位显赫的贝勒，打算让儿子世袭自己的爵位，可儿子脸上长了一大堆痘痘，形象不佳，怕进宫面圣时吓着皇上。事关家族命运，"小痘痘"把王府上下搅成了一锅粥，御医煎的药，喝了一碗又一碗，可脸上的痘痘总是卷土重来。

有一天，贝勒的儿子外出游玩散心，在一个山脚下看到一个老婆婆高一脚低一脚地在崎岖的路上走着，便好心搀扶着她。老婆婆到家后，给了这位公子一个小纸包，让他每天洗脸的时候放一些包里的粉末在水中化开。

这位公子依老婆婆的话去做，一个月后，脸上的痘痘竟全都神奇地消失了，连一个小印子都没有留下。后来，他的前程当然青云直上喽。

这神奇的粉末，就是莹肌如玉散。

不需多说，用了我亲手制作的莹肌如玉散后，俺老公脸上的痘痘也集体"下岗"了，皮肤光洁如初。如果你也是一脸痘痘，如果这些小痘痘正影响着你的爱情、你的事业，削弱着你的自信心，那就用用这款莹肌如玉散吧，它能改变皇亲国戚的"面子"，也准能让你的肌肤变得莹润、细腻，再不用害怕痘痘啦！

 牡丹祛痘方，把芳容整顿，恁地青春

素有国色天香之称的牡丹，花朵肥硕，色泽鲜艳，被誉为"万花之王"，象征富贵吉祥、繁荣兴旺。对于我们女人来说，牡丹皮还是一味上好的美容中药呢，广泛应用于各类汉方美容方剂中。

牡丹皮，是指长了3～5年的牡丹根茎的皮，又叫丹皮、粉丹皮、洛阳皮。中医认为，牡丹皮味苦、辛，性微寒，有清热凉血、活血化淤的功效，常用于治疗粉刺、月经不调及便秘等。

关于牡丹皮成为中药的来历，还有一个美丽的神话呢。相传一千多年前，苏州有一位织锦好手名叫刘春。她所织出的花，像刚摘下的一样鲜艳水灵；织出的彩鸟，仿佛一声呼唤，便会拍翅飞翔。有一年，府台老爷的女儿要办嫁妆，限刘春一月内织出24条真丝嵌金被面，花样是牡丹。但刘春从来没有见过牡丹，不会织。半个月过去了，刘春愁得日渐消瘦，一天半夜，她突然口吐鲜血，倒在织布机上。这时，一位美丽的姑娘飘然而至，将一瓶药液倒入刘春口中，刘春即刻苏醒。姑娘轻声说："我是牡丹仙子。"她用手向窗外一指，庭院内立即出现一朵朵怒放的牡丹花。

刘春望着这些盛开的牡丹，立即飞梭织起来。一朵朵娇艳的牡丹花织出来了，招来成群的蝴蝶。府差拿着被面飞快送往州府，但刚进门，被面上的牡丹花全部凋谢了，黯然无光。府台老爷气得派人去捉刘春，但刘春早已与牡丹仙子离去，只给乡亲们留下了那个药瓶。药瓶内有半

瓶根皮样的药材，后来人们才认出那根皮正是牡丹皮。

今天给大家介绍的牡丹祛痘方中，唱主角的就是这牡丹皮。当然，少了配角，主角的戏也就没法唱了，所以还要提一提这款方子里的三个配角——知母、薄荷和绿豆粉。绿豆粉咱们就不多说了。知母，别名羊胡子根，性味苦寒，有清热除烦、润肺养肾的作用，主治烦燥口渴、肺热燥咳、消渴、跌扑伤痛、午后潮热等。薄荷，又名水薄荷、鱼香草、夜息花等，最早记载于《唐本草》，早在两千多年前，古人就采集薄荷供食用和药用。中医认为薄荷辛、凉，归肺、肝二经，有发散风热、清利咽喉、疏肝解郁、止痒等功效，适用于感冒发热、头痛、咽喉肿痛、皮肤发痒等症。用薄荷茶雾蒸面，能让毛孔变细。拿泡过茶的薄荷叶片敷在眼睛上，能解除眼睛疲劳。如果你天天和电脑"朝夕相处"，最辛苦的就要数眼睛了，可用这一招来关爱自己的明眸。用薄荷茶汁漱口，还可以预防口臭。

怎么样，各位女性朋友们看清了吧？主角和配角，都属性凉、微寒类，可谓是心往一处想，劲儿往一处使，目标只有一个——清热解毒、润肺养肾。有了主角，有了配角，还要有一个跑龙套的——蛋清，女性朋友们对它那是相当熟悉，润肤和除皱是它的两大看家本领。发明这款方子的古人可真是考虑周详，难怪它是古代美眉专治痘痘的经典妙方。据说，东汉汉明帝的掌上明珠、美丽绝伦的沁水公主就曾用这款方子祛痘痘呢。

好了，我就不卖关子了，赶紧隆重推出这款牡丹祛痘方吧！

牡丹祛痘方

配方：牡丹皮15克，绿豆粉、知母各10克，薄荷5克，鸡蛋1只。

制作及使用方法：将牡丹皮、绿豆粉、知母、薄荷研成粉，过筛后入罐存储。使用时，将鸡蛋的蛋清打泡，加入粉调匀成糊状；彻底清除脸部污垢后，将面膜涂抹在脸上，注意避开眼睛和嘴唇，待面膜半干后用清水洗净。

　　长了痘痘的姐妹们，再也不用着急上火，再也不用无奈地听之任之了，就让这牡丹祛痘方来帮你去湿毒吧。土壤里生长的东西，总是比机器上生产的东西让人放心些，而且还经过了历代美女们的检验呢。

地瓜净颜面膜，"农家肥"养出极品肌肤

　　治痘痘的东西，真是非常多，除了上面说到的牡丹皮，再给大家介绍一个可以说是土得掉渣儿的东东，那就是红薯，也叫地瓜。

　　在我们的父辈那一代，红薯因为价格低廉，是很多家庭的主食，不过也只是充饥而已，吃多了会胃酸。现在，生活步入小康，红薯的营养价值被广泛重视，红薯也"翻身农奴把歌唱"，成了街头的时尚美食。

　　红薯原产于南美的秘鲁、厄瓜多尔、墨西哥一带。哥伦布在发现新大陆时，把红薯带回了欧洲。据说，哥伦布初谒西班牙女王时，曾将由新大陆带回的红薯献给女王。16世纪初，西班牙已普遍种植红薯。后来，西班牙水手把红薯携至菲律宾的马尼拉和摩鹿加岛，由此传至亚洲各地。后来，福建华侨陈振龙常到菲律宾经商，发现那里出产的红薯产量最高，于是他耐心地向当地农民学习种植之法。经过陈氏家族的大力推广，红薯在我国遍地开花，广为种植。

　　那时候，红薯的叶子也是一种粮食。别看现在人们根本不吃红薯叶，它可曾是"护国菜"呢。据民间传说，宋代某位皇帝弃都南逃，来到广东潮汕、梅州一带，藏在深山寺庙里。由于人多，蔬菜匮乏，僧侣们只好在寺庙周围采摘鲜嫩的红薯叶做菜，将士们饥不择食，吃起来感觉味道很鲜美，皇帝遂将红薯叶赐名为"护国菜"。时至今日，在广东客家菜中，红薯叶仍然风行，吃法也很简单：摘取红薯嫩叶，去其茎上表皮，或煮或炒菜。烹制时注意保持嫩爽。

　　红薯的根，不仅是大家喜爱的一种食物，也常被用于入药，在药品中名为地瓜。我国的医学巨著《本草纲目》中记载："地瓜味甘，性平，无毒，入脾、肾二经；具补虚乏、益气力、健脾胃、强肾阴之功

效。"中医认为，地瓜有补气和血、益气生津、宽肠胃、治烦热口渴、解酒毒、降高血压、治疗急性湿疹等作用。

那么，这地瓜是怎么和美容扯上关系的呢？这又要从一个美丽的民间传说说起了。据说在明朝隆庆年间，苏州河畔有个叫小玉的女孩子，长得花容月貌，琴棋书画样样了得，是父母的掌上明珠。在她18岁那年，脸上长了很多小痘痘，又红又肿，把一张俊俏小脸儿变得极其难看。小玉为此非常苦恼，日渐消瘦，父母也很着急，到处寻访名医。很多医生都说，小玉是因为体内火旺而生的面疮，可是吃了很多药也不见效，痘痘依然盘桓在脸上。小玉不想让父母再为自己操心，就整天蒙着面纱，断了看病的念头，只一心行善。

有一天，当地来了一个跛脚乞丐，落脚在一座破庙中。人们总是欺负他，可小玉却经常给他送些吃的、穿的。夏天到了，小玉在给乞丐送解暑茶的时候，面纱掉了下来。乞丐看到小玉的真容，惊得睁大了眼睛。小玉很不好意思，害怕自己的丑陋模样吓坏了乞丐，赶紧把面纱戴好。过了几天，小玉再次给乞丐送解暑汤时，乞丐从怀里掏出一个药方来，让她回去后照药方行事。小玉照着做了以后，脸上的痘痘几日后竟全部消失了，脸蛋儿又恢复了往日的细腻光滑。小玉去向乞丐道谢，乞丐告诉她，这是他们家专治面疮的祖传秘方！

有美女迫不及待地要问了，小玉的这种祛痘方法，究竟是什么呢？说来也很简单，就是把地瓜蒸上30分钟，直至软烂，冷却后涂于面部约15分钟后，用温水沅净即可。这款地瓜净颜面膜，能极好地收缩毛孔、消除疤痕，使肌肤变得细腻光滑，有脱胎换骨之感。我在用这款面膜时，发挥了一点儿小创意，小小改良了一下，将酸奶和软烂地瓜一块搅拌均匀，冷却后再敷面，效果超级好，简直可以去拍护肤品的广告了。

> **地瓜净颜面膜**
>
> 配方：地瓜一个，酸奶200毫升。
>
> 制作及使用方法：地瓜蒸30分钟，直至软烂，切块后放入搅拌机，再倒入酸奶，搅拌均匀，冷却后即可使用。涂面部15分钟后洗净。

从现代营养学上来说，红薯是很好的低脂肪、低热能食品，同时又能有效地阻止糖类变为脂肪，有利于减肥、瘦身。红薯中还含有一种类似于雌性激素的物质，对保护人体皮肤、延缓衰老有良好的作用。许多女明星都把红薯当做驻颜美容食品，比如影视才女张艾嘉，五十好几了，依然美丽优雅。她永葆青春的秘诀，竟然是每天早晨的一碗红薯粥。最后，我索性再奉送一款又简单又养颜的红薯姜糖水吧。

红薯姜糖水

配方：地瓜400克，赤砂糖25克，姜5克。

制作方法：将红薯洗净，去皮，切小块，放入沙锅；加适量清水，煮至红薯熟透，加入红糖和生姜，再煮片刻即可。

第五章

美肌保湿，做一朵水润玫瑰

保湿是女人一生的功课，虽然会遇到各种各样的问题、各种各样的"敌人"，但我们对美的热情丝毫不会减退，什么问题都难不倒我们。我始终觉得，只要我们肯学习、有耐心、能坚持，一定会有计可"湿"，让自己成为"湿意"美人！

水润的女人才能芳香一生

女人是水做的骨肉，要有水的柔情、水的坚韧，还要有水灵灵的皮肤、水汪汪的双眸、水润润的樱唇……水，是成就女人的第一要素。

水润，在很大程度上决定了你是否青春靓丽、活力四射。因此，掌握水的秘密，让自己的肌肤在任何情况下都能饱含水分、锁住水分，是每一个爱美女人都必须知道的。

有一天商场的时候遇见老朋友，我差点儿没有认出来，半年时间没见，她的脸竟然变得如此干燥，还有皮屑，笑起来眼角堆满了"深刻"的鱼尾纹，这还是我记忆里那个水润饱满的漂亮妞儿吗？我毫不客气地砸过去一句话："你的皮肤怎么干成这样啊？"她大惊，赶紧从包包里掏出小镜子，一边照一边嘟囔："哎呀，果真如此！你看，都是干皮儿，还有我的嘴巴，干瘪瘪的，难看死了，怎么办啊？"

于是两个女人在商场找了个座位开聊，一个传授补水秘诀，一个开始恶补保湿必修课……

※ 多喝水就能让容颜永驻吗

缺水是万病之源，这是美国著名医学博士F·巴特曼在畅销书《水是最好的药》里揭露出来的。人体内含水量有70％左右，只要缺少一点儿就会对机体产生巨大影响，所以水是大自然赐予我们保持健康的灵丹妙药。

　　水对女人的重要性相信姐妹们都知道，那么，只要多喝水就能让容颜永驻、健康常在吗？事情可没有这么简单呢。试想，如果我们不挑时间地喝、不计较质量地喝……一旦陷入喝水误区，水不仅不能成为良药，甚至会变为毒药！

　　那么应该什么时候喝水，喝多少水，是不是只要每天喝8杯水就行了？当然不是，喝水可是很有讲究的。

　　喝水日程表

　　上午7：00：经过一夜睡眠，早晨的身体处于轻微"脱水状态"。起床时补充250毫升水可以及时唤醒五脏六腑，稀释血液，让循环系统充分活跃起来。对经常便秘的人来说，这杯水更重要。

　　上午8：30：从起床到办公室的过程，时间特别紧凑，情绪也比较紧张，身体消耗大量水分，所以到了办公室后，先别急着冲咖啡，一定要先喝杯水（我就经常忘记，因为早上一到公司就有许多电话，搞得手忙脚乱）。9点上班的姐妹记得要在路上喝。

　　上午11：30：一上午的紧张工作后，这杯水尤其重要；这也是午饭前的一杯水，减肥的姐妹中午就可以少吃点儿饭了。

　　下午1：00：用完午餐半小时后喝一些水，可以加强身体的消化功能，不仅对健康有益，也能帮助维持身材。

　　下午3：30：以一杯健康矿泉水代替下午茶、咖啡等提神饮料吧！喝上一大杯水，补充在空调房里流失的水分，还能让头脑变得清醒。我最近爱上杭白菊+冰糖+枸杞，除了保护整天面对电脑的眼睛外，还可以润肺。

　　下午5：00：下班离开办公室前，再喝一杯水。想要控制体重的姐妹，可以多喝几杯，增加饱腹感，等到吃晚餐时，就不会吃过量了。

　　晚上7：30：这个时间不定，一般是晚饭后半小时左右。如果晚上要做运动的话，可以在运动后喝，补充水分。

　　晚上9：00：这是一天的最后一杯水，一定要严格控制时间，晚了的话，第二天就要顶着水肿眼去上班了。

　　姐妹们一定要记住，每天最重要的一杯水就是早上起床的那一杯。这杯水一定要喝热的，至少是温的，起床之后立刻喝下去，如果想要效

果更好，在里面加一片柠檬，喝完之后稍等一会儿再吃早饭。

※ 喝水的误区

不要等到口渴时再饮水。因为在你感觉到口渴的时候，身体细胞的脱水状态已经到了一定程度，只有这时，大脑神经中枢才会发出紧急补水的信号。

如何饮水更科学？我在前面已经给大家开列了喝水时刻表，照章行事，就能使体内保持水分平衡。另外，还要提醒姐妹们一句，千万别用饮料代替水。碳酸饮料、果汁饮料、酸奶饮料等，大多都含有色素、防腐剂等，这些物质会对肠胃产生不良刺激，同时还会增加肝脏、肾脏的负担。

很多姐妹认为喝汤后就不需要喝水了，实际上，汤中除了水，还富含盐分和脂肪。虽然补充了一定量的水分，但是身体为了代谢盐分和脂肪，会消耗掉更多的水分，所以，喝完汤一段时间后，还是要喝水的，而喝汤也不能代替喝水。

❀ 橄榄油补水保湿面膜

橄榄油一直是我心爱的护肤宝贝，它既可以吃，也可以外用，橄榄油的不饱和脂肪酸和天然优质维生素E联合作用，可以分解体内脂肪，美容和减肥可以同步进行。橄榄油纯净清澈、清爽不粘，水性的特质令它特别宜于吸收。在皮肤上点一点儿橄榄油，稍加摩挲就能迅速与皮肤同化，这一点是其他天然油料完全不能相比的。值得一提的是，橄榄油对皮肤的滋养非常温和，没有任何人工化学制剂的副作用，可迅速使皮肤柔嫩、富有光泽，第一次用就有明显效果。用橄榄油做面膜，能在脸上形成一层天然皮脂膜，保湿效果极好，给大家介绍几款我经常做的橄榄油面膜吧。

（1）用一匙砂糖和橄榄油混合在一起，充分混合后敷脸，每周用3次，不但能收缩毛孔，还有显著的美白保湿效果。

（2）把橄榄油加热至37℃左右，再加入适量蜂蜜，然后把纱布浸在里面，取出覆盖在脸上，20分钟后取下，有防止皮肤衰老、润肤、祛斑、除皱的功效，适用于皮肤特别干燥的姐妹。

（3）用鲜牛奶1大匙，加4～5滴橄榄油，面粉适量，调匀后敷面。此面膜有收敛皮肤的作用，长期使用可消除面部皱纹，增加皮肤活力和弹性，使皮肤清爽润滑。

（4）取一根香蕉放在盘子中用汤匙压成泥状，在压挤过程中加入适量橄榄油，制成香蕉橄榄油面膜，每周敷脸2次，可以让皮肤变得水嫩光滑。

※ 补水之后的功课

皮肤其实不能吸收水分，因为皮肤的最外层是角质层，它不能吸水——如果皮肤能吸水的话，下雨天或者泡澡后岂不是要大出洋相？因此，要为皮肤补水，必须依靠皮肤能吸收的成分把水分"携带"进去，比如透明质酸、甘油、尿素等等。这些也是补水护肤品中常见的添加成分。

但是单单补水是不够的，如果只是补水而不锁水的话，补充进去的水分很快就会流失。因此，无论是涂完化妆水、精华液还是做完保湿面膜，都必须添加一步：涂抹面霜。化妆水、精华液、面膜都没有办法锁住水分，只有面霜才有锁水功能。

姐妹们可以每天早晚使用弱酸性洁面产品清洁皮肤，然后用喷雾提升皮肤含水量，再使用保湿水平衡水油分泌，最后使用能锁水的保湿乳液，以及含有SPF及PA值的防晒品（一年四季都要如此，可千万别小瞧了冬季的紫外线）。

乳液、面霜、化妆水、喷雾、面膜等都只是外在保湿的必须程序。最重要的还是通过内脏养护，让身体由内到外变得水润，才是一个完整的"湿意"美人。

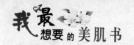

✿ 中医补水，由内而外润出来

皮肤的光泽水润与脏腑功能息息相关。让我们来学学中医如何保湿，真正做到调治于内而美于外。

我的第一份工作在北京，北京是个空气干燥的城市。上班没多久，我就发现自己的皮肤变得干燥而敏感，忍不住和一个同事抱怨北京这鬼天气，直感叹上天不公平，因为她在北京待了四年，皮肤依然水润光滑，可我不到一个月就被"打败"了。同事神秘兮兮地告诉我："送你一份礼物，你保证喜欢，因为它能让你更适应这个城市的气候。"

那份礼物果然很棒，它不但让我更适应北京的气候，还提醒我关注健康，关注中医。它就是一份中医补水全攻略!现在借此机会，把这份礼物送给每一个爱美的姐妹们。

※ 健脾是补水的第一课

脾为后天之本，气血生化之源。脾胃功能正常，才能生化充足的气血，才能给各个部位输送充足的水分。脾胃功能失常，津液生化不足，人体就像水库没有水源一样，皮肤自然得不到滋养。想要肌肤水嫩，一定要先健脾，只有健脾益气，才能有充足的津液，为滋润皮肤打下良好的开端。我们身边的健脾美食有很多，给大家推荐几款。

茯苓夹饼：茯苓夹饼是北京的一种滋补性传统名点，以稻香村做的口味最佳。白茯苓有健脾除湿的功效，不过在茯苓夹饼中，白茯苓只是薄薄的两小片，因此我吃了没多久，就改去中药房买白茯苓了，研磨成粉，可以泡茶、冲在牛奶里，也可以在煮粥的时候少量加入。

胡萝卜小米粥：这两种都是黄色食物，黄色食物都能补脾。胡萝卜能健脾化滞、安五脏、去寒湿。小米入脾、肾二经，能养脾肾、补虚损、益肠胃。小米还属于粗粮，富含膳食纤维，能帮助姐妹们减肥。如果不习惯胡萝卜的味道，可以加一些牛、羊肉丁一起熬粥，更加香甜，还能补气血呢。

当归黄豆炖鸡：当归50克，黄豆50克（提前泡一夜），乌鸡1只，生姜1块，水适量，小火煎煮，肉烂汤浓时调味装盘即可。这道菜的味道很不错，除了健脾外，还能补气益血、防治妇科病呢。润肺才能生津。让肌肤更水润。

脾胃强健，肠胃就可以正常地吸收水分，接下来如何将这些水分输送到全身肌肤呢？肺为"水之上源"，水液要经过肺的宣发作用，就能均匀分布到身体的各个部位，让五脏六腑及全身肌肉得到濡养，皮肤得到润泽。若肺的功能失常，失去了输送水液的能力，皮肤就得不到足够的水分了。来看看都有哪些美食可以滋养肺脏吧。

百合罗汉果煲汤 百合30克，罗汉果半个，鸡500克，猪瘦肉100克，生姜3片。药材洗净稍浸泡，鸡切块，猪瘦肉洗净，与生姜放进沙锅内，加清水，大火煲沸后，改小火煲2小时，调味便可。如果觉得麻烦，可以直接用百合、冰糖、梨、银耳等润肺材料自由搭配，煲制甜汤，睡觉前喝上一小碗，效果也很不错。

杏仁 中药杏仁为苦杏仁，能止咳平喘，平时食用比较少。一般常吃的为甜杏仁，也有类似功效。平时可以当做零食直接吃，也可调味或制成杏仁露服用，还可以作为原料加入蛋糕、曲奇和菜肴中。不过有一点还要再次提醒姐妹们，不管是苦杏仁还是甜杏仁，都有微毒，每天的食用量不宜超过12克。

※　固肾帮你留住水分

肾主水，水液由肺输布全身，滋养人体后，又集聚于肾，在肾的作用之下，被过滤成清和浊两部分。清者，通过肾中阳气的蒸腾汽化作用，回到肺，由肺再布散全身。以维持体内的正常水液量。浊者则被转化成尿液排出。补水除了补充水分，将水液正常输布于人体之外，更重要的是要强化肾阳的汽化作用，才能达到留住水分的目的！补肾阳，用药膳一样很管用。

杜仲炖牛腩 山药洗净去皮切块，牛腩切小块焯水去浮沫。将八角入锅炸香，再煸香葱段和姜块，加料酒、水，下牛腩，加入洗净的杜仲，根据个人口味加入糖、盐、鸡精调味，一同炖至软烂入味即可。杜仲还可以用来泡茶、泡酒，除了滋养肾阳，还能增强记忆力、抗疲劳、抗衰老。

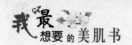

 首乌鸡汤：乌鸡一只约800克，首乌50克，生姜1块，水适量。将食材洗净后放入锅内，以小火煎煮，肉烂汤浓时调味装盘即可。也可加入当归一同炖，效果更好。

※ 补水佳酿——蜂蜜

蜂蜜采百花之精，酿成蜂蜜，可以养阴润燥、润肺补虚、和百药、解药毒、养脾气、悦颜色、调和肠胃，有"女性美容圣药"之称。现代研究证明，蜂蜜中丰富的生物活性物质，能改善皮肤干燥缺水的状况，增加皮肤营养，保持皮肤细嫩光滑。特别是蜂蜜中含有47种微量元素，如锌、铁、钙、镁、钾等都是养颜美容所必需的。每天用温水冲一杯蜂蜜水喝，长期坚持，皮肤状况就能大有改善，还可以做成蜂蜜奶饮，用250克牛奶，煮开后加入30克蜂蜜，有滋补健身、润肤保湿的作用。

春天是最好的保湿季节

都说春天是万物复苏、生机蓬勃的时节，但养护失当的肌肤却和春天无缘，这可不是季节的毛病，得从自己身上找原因。你的肌肤保养遵照季节规律了吗？

春回大地，万物复苏，然而季节的更替，却让皮肤有了紧绷绷的感觉。你的第一反应肯定是：该给肌肤保湿啦。

小心，春天并不全是生机

肌肤之所以在春季特别容易干燥，其实是与春季多风、多沙的气候分不开的。在早春时节，肌肤的油脂分泌都还处于休眠状态，但春季干燥的风沙可不管那么多，在你不知不觉中就偷偷地将水分抽走了。如果你感到皮肤紧绷发干，就是典型的缺水表现。要是再不采取保护措施，就会进一步恶化，粗糙、皲裂、脱皮、干纹都会蜂拥而至，让你无从招架。尤其在北方，这种现象更严重。

春天，空气中飘浮着肉眼看不见的花粉，这可是很多姐妹脸上起癣、瘙痒、红肿的元凶。这种花粉过敏因为与个人体质有关，一直都没有根治的办法，只能尽量缓解。科学家发现，大豆、蜂蜜中的一些成分有减轻和治疗过敏症的作用，平时坚持适量食用，会有帮助。脸上如果过敏严重，首先要避免使用任何护肤品，用一些皮炎平之类的抗过敏药膏和口服抗过敏药，来平复严重过敏的部位，用甘草粉做面膜也有很迅速的疗效；过敏受到控制后，除了用平和不刺激的面霜，还一定要记得用隔离霜。

※ 春季护肤，少油多水

春意浓浓，很多姐妹迫不及待地换上了春装，却总是忘了把冬季护肤品换成春季护肤品。有句话说得好："药对方，一口汤；不对方，一水缸。"四季护肤也是同样道理。春季的皮肤保养，第一步就是把护肤品都换成适合春季使用的，因为冬季护肤品对于春季的皮肤来说太油腻了。

春天是人体机能最活跃的季节，这时的皮肤其实并不缺油，干涩是因为皮肤缺水所造成的，因此一定要选用保湿功能较强的护肤品。保湿护肤品并不能直接给肌肤提供水分，它主要是通过皮肤细胞吸收一些能够携带水分子的物质，以及通过吸收空气中水分的保湿因子，形成脸部湿润小环境来给皮肤保湿，所以，要尽量让你的居室保持适宜的湿度。总的来说，春季护肤品应该调整为保湿及具有修复受损细胞功能的低油面霜。

春季的脸蛋儿，要分"区"治理

进入三月，气温升高，空气中的湿度还是很低，再加上北方干燥的春风，很容易就把肌肤表面的水分带走了。姐妹们往往会发现这样一个问题，那就是补水功课虽然做得很到位，T字区部位的水分都已经"过剩"了，而脸颊的肌肤还处于"饥渴"的状态。对此，要提醒姐妹们，在这个季节要想让皮肤焕发最佳状态，必须抛弃千人一面的补水方法，只有针对肌肤的不同部位进行"分区管理"，才能让肌肤喝到充足的水分。下面，就来看看如何根据T字区、U区、唇部的不同情况来对症补水

吧。

T字区：不必强力去油。T字区部位一直给人"多油"的印象，但是在春季，T字区一般不会显得特别油。可以用温和的保湿化妆水补水，并在T字区部位停留的时间稍长一点，如果感觉不够，还可以用吸饱化妆水的化妆棉敷一会儿。

两周去一次角质就行了，千万别贪多，否则皮肤会变薄。此外，尽量选择油分低的保湿乳液，一旦觉得T字区干燥就立刻涂抹，以达到最佳保湿效果。

唇部：每周做唇膜，睡前是关键。唇部也是春季保湿应该照顾到的重点对象。虽然春天不像冬天那么干燥、寒冷，但大风让唇部水分的蒸发速度加快，一旦水分缺乏，就容易导致唇部干燥脱皮。建议姐妹们：一定要记得每周做一次唇膜来深度滋养嘴唇。蜂蜜是DIY唇膜的最佳材料，在双唇涂上蜂蜜，用一小片保鲜膜覆盖，15分钟后洗净即可。纯天然的自制唇膜非常安全，就算不小心吃到嘴里，也是甜甜的。唇膜最好在晚上入睡前做，效果会更好。如果你有化妆的习惯，要记得用专门的唇部卸妆液仔细把唇妆卸掉。再做唇膜，这样才能更好地保护唇部皮肤。

U区：补水又"加"油。和T字区相比，脸颊的U区部位一直是最需要保湿滋润的。在春天，只需根据自己的肤质选择合适的补水保湿产品，就能缓解皮肤干燥。含有玫瑰或红石榴精华的护肤品，绝对是春天补水的好选择，还可以准备一瓶喷雾以便随时补水。我用蜂蜜和上好的普洱茶调和了一瓶美容液。春天随身携带，一天抹上几次。这一招还是跟舞蹈家刀美兰学的，看看花甲之年的她风韵犹存，就知道效果有多好了。

如果U区有干燥脱皮的现象，应该勤做补水面膜，补水的同时注意补油，也可以补充一些维生素A，对脱皮的现象会有所改善。

蛋黄、蛋清保湿大PK

蛋黄中含有丰富的卵磷脂，而卵磷脂是女人变美的超级法宝，你还犹豫什么呢，赶紧做个"卵磷脂"面膜来犒劳犒劳你娇嫩的肌肤吧！

我闲时很喜欢研究中外美人的独家美容秘方，像倾国倾城的杨贵妃，喜欢用蜂蜜、鸡蛋、珍珠粉做面膜；还有法国路易十六的玛丽王妃，也喜欢做鸡蛋兰姆酒面膜……

看出点儿什么门道没有？——几乎每个美容秘方都少不了鸡蛋！可能大家以前用得最多的是蛋清，现在我要告诉大家的是：千万不要小看蛋黄，在补水保湿上，它的功效要比蛋清强很多！

※ 卵磷脂，蛋黄保湿的秘密

要说蛋黄的保湿功能，还得从"卵磷脂"说起。卵磷脂是人体细胞不可缺少的物质，缺乏卵磷脂，会降低皮肤细胞的再生能力，导致皮肤粗糙、产生皱纹。如果能适当摄取卵磷脂，就能让皮肤持续保持活力，再加上卵磷脂良好的亲水性和亲油性，皮肤自然富有光泽。所以，卵磷脂绝对是女人变美的超级法宝。

另外，皮肤如果缺乏水分，会导致水油失衡，会让皮肤变得干干的、油油的，时间久了，油脂和空气中的灰尘慢慢"侵略"到皮肤里，就会造成毛孔堵塞。卵磷脂在给皮肤提供充足氧气和水分的同时，还能使脂类物质和水结合在一起，分解成小微粒，从而清除造成堵塞的"毒素"，让皮肤的毛孔畅通无阻，喝起水来也就爽快多了。

※ 蛋黄有腥味，蜂蜜来帮忙

做蛋黄面膜，很多姐妹该皱眉头了，蛋黄有腥味，多难闻啊！没关系，咱们可以搭配一些其他的材料，如蜂蜜、牛奶、柠檬汁、橄榄油等，根据自己的需要添加进去，就能把那股腥味掩盖住。我最喜欢的就是蛋黄蜂蜜面膜。别看这面膜配方简单，它可是连大美人宋慧乔都推荐过的保湿法宝。想要拥有宋慧乔一样水润的皮肤吗？跟我一起来做这款面膜吧！

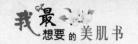
把蛋黄放在面膜碗里，加入适量蜂蜜搅拌，如果想要黏性更好，可以再加一点儿面粉，调成浓浆。把调好的浓浆用小刷子均匀地刷到脸上，再用手轻轻按摩，15分钟之后，等蛋液基本上风干了，再用温水洗掉。这个时候的脸蛋儿，可以用电影《伊甸园》里的一句台词来形容："难道你没看见上帝的杰作吗？难道你看不见他把你造得这么美吗？"华丽的"水美人"，不用左看右看，就是你啦！

不过，做这款面膜还得注意季节，夏天做蛋黄面膜会觉得不够清爽，而春、秋、冬季都很适用，特别是在冬天，蛋黄蜂蜜面膜对因为空气寒冷干燥造成的皮肤缺水最有效。注意，蛋黄有去角质的作用，所以一个星期使用不要超过两次。

海藻面膜，水润肌肤不请自来

鱼儿为什么不长皱纹？海豚的皮肤为什么光可鉴人？因为它们都生活在大海里。

如果说水是生命之源，海洋就是维系生命活力的宝藏，所以那么多大牌护肤品都要借助各种各样的"海产品"来增加卖点。我不是海龙王，不能把整个海洋送给你，但我可以给你介绍一位海洋使者——海藻！它可是潮女们最推崇的DIY面膜法宝，物美又价廉！

※ 海藻面膜，拨得云开见月明

想当初，第一次看见海藻面膜时，薄薄的小包里装着一颗颗暗红色的小豆粒，我心里就有点儿瞧不起，觉得它土里土气，怎么也想象不出这个东西贴到脸上会是个什么样。等调配完毕好不容易敷好了，看看镜子里的自己——我的老天爷呀，好像一只黑猩猩！海藻密密麻麻地粘在脸上，实在是恐怖。

但恐怖归恐怖，等敷完了，把密密麻麻的海藻一揭掉，皮肤从里边露出来，补水的效果真的给了我不小的惊喜，有一种"拨得云开见月明"的敞亮感觉！补水、保湿、舒缓皮肤，海藻面膜在这点上绝对没得

说，称它是最物美价廉的面膜，一点儿也不为过！

※ "海洋使者"出马，保水一个顶俩

我一开始瞧不起海藻面膜，就是因为它的模样实在不起眼，但了解了海藻保湿的原理，就爱上了它。海藻能补水，是因为海藻种子吸收水分后会迅速胀大，分泌出厚厚的胶质。别小看这胶质，它可是身兼二职呢，既是皮肤的"保水卫士"，又是"皮肤清道夫"——既能把水分服服帖帖地送进皮肤细胞，又能把毛孔里的脏东西清洗掉，在补水的同时，还能达到控油的效果。

更让我爱不释手的是，海藻面膜不会弄得到处都是，敷上它可以四处走动，不用像敷其他面膜一样只能老老实实躺着。清洗也很简单，轻轻一揭就全部干净，真是懒美人的保湿至爱！

※ 海藻面膜好脾气，人人都能"合得来"

海藻面膜适合任何皮肤、任何年龄的姐妹。油性皮肤的姐妹，用海藻面膜能吸附脸上的油脂、角质皮屑，让毛孔保持通畅，既能够控油，又可以补水。如果是干性皮肤，那就更不必说了，海藻最大的功能就是补水，不过敷完后一定要抹上锁水霜。皮肤敏感的姐妹，敷海藻面膜也很合适，因为海藻是真正的纯天然植物种子，质地非常温和，过敏的几率很低。在美容院里，海藻面膜常常被推荐给敏感、晒伤肌肤的人，其安全程度可见一斑！

说了这么多，还都是"纸上谈兵"。耳听为虚，眼见为实，一起来瞧瞧它的厉害吧！

※ 海藻面膜，温水中的魔术

海藻面膜很神奇。怎么个神奇法儿？卖个关子，先让我给大家"露一手"吧！

取出10～15克海藻倒进面膜碗里，加入温水，一定要用温水调，这样出胶会更多、更快。接下来注意看——一点一点地加水，就能看到那团海藻在不断地吸水，搅一搅，神奇的事情发生了！海藻在不断地变大，一些透明的、黏黏的东西出来了，这就是胶质。继续加水，出胶越来越多，胶质源源不断地往外冒……怎么样，很神奇吧？是不是感觉像变魔术一样？试着挑起一点儿，还能牵出长长的丝呢。一定要让海藻吸饱水

才能往脸上敷，因为海藻的吸水功能太强了，如果没有吸饱水分，敷到脸上它就会吸收皮肤里的水分，那就得不偿失了。

敷膜过程Follow me

很多姐妹初次使用时，都会觉得海藻面膜不好控制，很容易滑下来，这是因为没有掌握正确的方法。海藻面膜和其他面膜不同，不是用面膜刷或面膜棒把面膜一点点涂到脸上。海藻有很多胶质，黏性很大，可以像抻面皮一样将面膜慢慢拉开，然后仰起头，将面膜从下至上覆盖在脸上。这样比较顺手，也很容易把海藻展开。等完全展开了，再用手在眼睛、鼻子、嘴巴这些地方抠出洞来，就大功告成了。过一会儿，海藻面膜就能附着在脸上，即使走来走去也不会掉。

20分钟之后，即使感觉海藻面膜还很湿润，也该洗脸了。只要是纯正海藻，清洗很容易，可以整张揭下来。如果发丝上沾了些海藻，不要使劲扯，蘸点儿水打湿，就能擦下来。再看看镜子里自己的脸，是不是水嫩了许多呢？

记得做完后用锁水面霜保留水分。一周用3次，坚持使用一个月，皮肤就会有整体改善。搭配敷脸也不错。

海藻有强大的保水功能，它甚至能代替面膜纸呢！比起面膜纸，它的保水效果要强3倍以上！而且，对于有特别偏好的姐妹来说，玫瑰纯露、爽肤水、牛奶、蜂蜜水、黄瓜汁、蔬菜汁等等，都可以放心地与海藻搭配使用。

说到搭配使用，我最青睐芦荟汁。保湿的芦荟汁加上保湿的海藻，保湿效果双重显现。方法很简单，在调海藻时加入20毫升的芦荟汁就行了。要注意的是，加入了芦荟汁的海藻面膜更容易变干，所以，一定要在面膜变干之前赶紧揭下来！

❀ 秘制玫瑰纯露，让肌肤苏醒的"香水"

我有严重的玫瑰情结，尤其爱那娇艳欲滴的红玫瑰。我经常幻想有了豪华独栋别墅之后，一定要在私家花园里种满保加利亚玫瑰、法国玫瑰等名贵品种。在清晨与老公携手漫步玫瑰园，让他采一朵带着露珠的玫瑰花，亲手插在我的发髻上，让我这俏美小娇娘与满园的玫瑰相映红。

这私家花园的美梦尚未成真，我家的阳台上倒是种了好几盆玫瑰，先小小地满足一下我的"玫瑰情结"。每到五六月间，来我家的客人看到那怒放的玫瑰，都会啧啧赞叹。有个"哥们儿"是个"大嘴巴"，不但夸我种的玫瑰好看，顺带连我也一起恭维了，说我皮肤白里透红，气质高雅，可与玫瑰争艳。嘻嘻，这哥们儿真直接，夸得俺都不好意思啦。

看到这儿，姐妹们一定会直冒酸气：你眼看也奔三了吧，还能有这么"正点"的皮肤？嘿嘿，不是俺自夸，真就这么"正点"，不靠雅诗兰黛，不靠兰蔻，就靠我亲手栽种的玫瑰花。用玫瑰花来养颜，不是我的发明，要说起它的历史，那可悠久了。知道谁是中国玫瑰养颜第一人吗？就是咱们的女皇武则天。

传说这位女皇嗜花成癖，每到农历二月十五"花朝节"这一天（在我国古代，花朝节是一个十分重要的民间传统节日，据说与中秋节相对应，称"花朝"对"月夕"。此时春回大地，万物复苏，百花齐放，所以花朝节又是"百花生日"），她就下令宫女们采集百花，和米一起捣碎，蒸制成糕，用花糕来赏赐文武群臣。此外，她还很喜欢用花来美容，每日早晨必饮玫瑰花露，晚睡前还要将脸和全身都敷上玫瑰花瓣。在60多岁的时候，武则天仍旧面若桃花、仪态万方，而且全身散发着阵阵香气。

玫瑰美容的道理究竟是什么呢？玫瑰除了是恋人们表达爱情的信物外，还是全方位的"护肤专家"。它性质非常温和，不但能美白、补水，还能收缩毛孔、抗过敏、抗老化……在古代医书中，有一款用玫瑰花蕾加红糖熬膏的秘方，服用后能补血养气、滋养容颜，立竿见影地使皮肤柔嫩光滑。

既然玫瑰有这么好的补水效果，我家阳台上又多的是玫瑰，红的、白的、黄的都有，我当然不会错过如此天然的保湿佳品了。我喜欢用它

来DIY玫瑰纯露，早上当做化妆水拍在脸上，出门的时候，就把纯露装在小玻璃瓶里，作为我的贴身保湿喷雾，让我的皮肤24小时都水水的、滑滑的。玫瑰纯露的制作方法也超级简单，就是将玫瑰花瓣放在清水里煮，跟煮鸡蛋一样，姐妹们不妨照下面的配方小试一把。

 强效补水玫瑰纯露

配方：新鲜玫瑰花10朵，或者干玫瑰花瓣50克。

制作方法：先将玫瑰花瓣洗净；在锅里倒入500毫升左右的清水，将一小勺洗净的玫瑰花放进锅里，用小火煮。煮到玫瑰花变色就捞出花瓣；放入新的花瓣，煮至变色再捞出；如此反复进行，直到锅里的水只剩一碗，颜色变深了即可熄火。凉凉之后，将玫瑰花露装入玻璃瓶中。

要提醒大家的是，做好了玫瑰纯露以后，要先在耳朵后面或手臂内侧试试，若无过敏反应，才能正式用在脸上。另外，不要一次煮太多，因为玫瑰花露的保存时间最好不要超过两周。

除了玫瑰纯露，我还喜欢用玫瑰来泡澡。两年前，老公专门托人给我定制了一个又厚又重且很古朴的大木桶。往木桶里倒入温水，再撒入色彩缤纷的玫瑰花瓣，美美地泡上一小时，这种感觉简直比在华清池泡温泉还要幸福一百倍呢。经常用玫瑰来泡澡，不但能润泽肌肤，还能促进全身血液循环，脸蛋儿就会像玫瑰花瓣一样红润起来。

瞧我，一说起心爱的玫瑰就住不了嘴。这玫瑰，除了有很高的美容价值外，还有极珍贵的药用价值呢。中医认为，玫瑰花味甘、微苦，性温，最大的功效就是理气解郁、活血散淤、调经止痛，常喝玫瑰花茶，能让女人在"那几天"安然度过。此外，由于玫瑰花药性温和，能够温养心肝、血脉，舒发体内郁气，能起到镇静、安抚、抗抑郁的功效。用玫瑰花泡茶喝，取玫瑰之香气，改善紊乱的植物神经，调节内分泌系统，达到"以内养外"的效果，皮肤自然是受益者了。

在写字楼工作的白领丽人们，左手工作，右手生活，想完美，什么都想要，压力可不小。平时不妨多喝喝玫瑰花茶来稳定情绪，让我们平心静气地将这苍茫宇宙间几十年的日子，有滋有味、不急不躁地过下去。

✿ 天然芦荟凝肤，掌握水的秘密

芦荟有很多美名，比如天然美容师、奇迹的植物、家庭医生……这种原产于非洲热带的饱满多汁的多年生草本植物，有无数动人的传奇，随便说两个给姐妹们听听，大家就知道了。

芦荟的第一个传奇与埃及艳后克丽奥佩特拉有关。克丽奥佩特拉是埃及王朝的最后一位女王，她凭借绝世美貌与智慧，成功俘获了罗马两位最骁勇善战的大将——恺撒与安东尼，因而卷入了罗马的政治旋涡——美人与政治总是很容易纠缠不清，特洛伊战争因美人而起，吴三桂引清兵入关也是和美女相关。历史上对埃及艳后褒贬不一，有人称她是"尼罗河畔的妖妇"、"尼罗河的花蛇"；埃及人则称颂她是勇士，因为她为弱小的埃及赢得了22年的和平。我不是历史学家，不想在这里考证历史，对她的浪漫情史也不大"感冒"，单单对她的养颜经颇有兴趣。你想啊，埃及天气多热啊，沙漠型气候，又是在还没有化妆品的年代，这位埃及艳后是如何越过"层层险阻"成了古代美人范本的？

传说，克丽奥佩特拉有一个神秘的魔池，每当子夜时分，明月高悬之际，她便会步入水池，沐浴在一潭碧色清波中。日复一日，年复一年，克丽奥佩特拉的容颜丝毫未改，没有人能猜出她的年龄，也没人知道她如何驻颜。直到后来，人们才在衰败后的埃及王朝旧址上发现，魔池中的液体原来是芦荟的汁液。据史书记载，女王一生都用芦荟来护理皮肤，还坚持饮用芦荟汁。有芦荟的"保佑"，难怪埃及艳后能养出旷世绝伦的容颜了，连两位叱咤风云的头号大英雄都甘愿拜倒在她的石榴裙下。

芦荟的第二个传奇与张骞有关。芦荟作为一个"舶来品"，被成

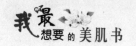
功引进到我国，是因为汉代张骞出使西域，开通了丝绸之路，芦荟就顺着这条路千里迢迢地传过来了，从此在我国扎了根，立了户。起初，人们用它来治病，隋末唐初的《药性论》中就记载："芦荟……杀小儿疳蛔，主吹鼻杀脑病，除鼻痒。"宋代的《开宝本草》中记载："奴会……（主治）热风烦闷，明目镇心，小儿癫痫惊风，杀三虫及痔治瘘，解巴豆毒。"这里的"奴会"即"芦荟"。

后来，芦荟被广泛用于美容护肤之中，爱美的姑娘们纷纷用芦荟来美颜。李时珍在《本草纲目》中就已经肯定了芦荟护齿、美唇、洁肤的作用。

西方美容界也十分认可芦荟，芦荟美容霜、芦荟护肤霜等化妆品几乎占领了欧洲化妆品市场的半壁江山。芦荟含有丰富的多糖类、维生素、多种氨基酸和蛋白质，对人体的皮肤有良好的营养、滋润、增白作用。尤其是青春少女最烦恼的粉刺，用芦荟来解决那可是小菜一碟啊。

我一直在自家阳台上养一盆芦荟，经常用它来给皮肤保保湿。芦荟虽是热带植物，畏寒，但也是好种、易活的植物，像仙人掌一样，生命力特别强。掰开芦荟厚厚的叶子，可见稠厚透明的肉浆，手感黏滑，气味清淡。

爱美的姐妹们，有点儿跃跃欲试、摩拳擦掌了吧？作为女人，谁不想让自己水灵灵的呢？可是，把工业生产线上制造出来的化学物品往脸上涂，有没有防腐剂、有害物质，谁能说得清？还是天然植物靠得住一些。赶紧养一盆芦荟吧，不但能把你的屋子装扮得绿意盎然，吸收空气中的污染物质，你还可以随时摘取一两片芦荟叶，制作天然的芦荟凝胶。用化妆棉蘸上芦荟凝胶，将整个脸蛋儿涂一遍，再配合中医的指压法或按摩法，5分钟后用清水洗净，俺保证你的每一寸肌肤都能吸足水分。

天然芦荟凝胶

配方：鲜芦荟叶1～2片。

制作方法：将芦荟叶洗净后，除掉边缘的刺，切去根部和顶尖，去掉外皮；用搓瓜板将其搓成细丝；再用漂白消毒后的纱布包住芦荟细丝，用力地拧出汁液，滚入玻璃瓶中。芦荟的汁液很稠，黏黏的，就像凝胶一样，所以还要加水稀释后才能用来敷脸。

我要"小贴士"一下的是，脸部皮肤较容易过敏，因此切勿将芦荟凝胶直接涂在脸上，最好在手背或耳后小范围测试一下，看是否过敏。另外，有花粉过敏史的美眉最好慎用。

言归正传，再来说说配合芦荟敷脸的指压法和按摩法。指压法和按摩法，我实验了N多次，巨有效。

指压法：1.将双手食指、中指和无名指并拢按在前额上，由下往上按压；2.按住整个额头进行指压；3.将食指和中指并拢，按压太阳穴周围；4.用拇指按住颧骨下方的凹陷处，从下往上按压；5.用食指、中指和无名指按压耳下3厘米处。古代的医书上说："耳者，宗脉之所聚也。"就是说，耳朵是人体重要经脉汇聚的地方，当然也包括美容的经络，所以，按压耳部也有神奇的美容功效。

按摩法：

（1）将食指、中指和无名指并拢按在额上，从上往下画小圆圈。

（2）从额头的中央向两边画圈。

（3）用同样的手法从太阳穴按摩至颧骨上方，从鼻子两翼按至眼睛下方。

（4）用拇指和食指向上提捏嘴角，立即放开。

（5）将两个拇指按在下巴上，向两边弹开。

芦荟不但可以外用于护肤保湿，还能食用，它能清凉去火、健胃润肠。

姐妹们可以将芦荟去皮后，与西红柿、白砂糖凉拌着吃；也可以与虾仁一起炒，再加点西芹，清爽无比。便秘的姐妹们不妨将芦荟去皮，切成小块后加水煮，等水开之后加些冰糖，就是超级通便的润肠汤了。

这里要郑重提醒一下，观赏用的芦荟是绝对不能吃的，否则会中毒。可以放心食用的芦荟有这几种：库拉索芦荟、中国芦荟、上农大叶芦荟和木立芦荟。

✽ 温情饮，快来试试从体内"防晒保湿"

现代美容学强调"防晒保湿"，因为人体皮肤衰老的主要原因是"光性老化"，过强的紫外线不但会破坏皮肤的保湿功能，加速皮肤中水分的流失，还会引起色斑、皱纹。所以，炎炎夏日里，女人们为了有一张白白润润的脸蛋儿，可是煞费苦心——太阳伞、太阳帽、太阳镜、防晒霜齐上阵，可见咱们现代美女的防晒意识有多强了！

其实，咱老祖宗流传下来的瑰宝——中医里早就有了"防晒保湿"的妙方了。中医认为，强烈的阳光照射，会使皮肤外感火热之邪，容易损耗津液阴血，造成皮肤失水衰老，而且阴血津液不足又会使肌肤失于滋养，出现色斑、皱纹。所以，中医养颜十分注重清热凉血和滋阴生津，这与现代的"防晒保湿"有异曲同工之妙。

清代医书《沈氏尊生书方》中，就有这样一剂清热凉血、保湿除皱的护肤美容良方。这个名为"温情饮"的方子，最早始于南洋。在明朝时期，闽南一代的乡民由于生活所迫纷纷下南洋讨生活。南洋的气候非常恶劣，特别是阳光暴晒，使人头昏脑涨，中暑简直就是家常便饭！有些人甚至还患上了各种皮肤病。可是，南洋的土著居民既不中暑，也没有皮肤病。一是因为他们适应了当地的气候，二是因为他们有"防晒"的秘方，这就是温情饮。于是，这些乡民便向南洋土著讨来了这个方子，才摆脱了中暑之患与皮肤病之苦。

其实，这款温情饮也叫"解毒四物汤"。略懂中医的美眉一定知道四物汤是补血、养血的经典方剂，也是妇科最常用的药方，堪称天下女人第一汤。四物汤由当归、川芎、白芍和熟地四味中药组成，其中的熟地善于滋阴补血，与当归、川芎和白芍配合相得益彰，可预防和减轻皮肤的缺水老化，还能对付脸色苍白、头晕目眩、月经不调、月经量少等血虚症状。更为神奇的是，这四物汤中的四味药经过加加减减，竟然衍生出了一系列的"子方"、"孙方"。据不完全统计，四物汤的系列方达800多个，真可谓是"子孙满堂"。

温情饮就是这800多个"子方"、"孙方"中的一方。此方在四物汤的基础上加进了生地、山栀子、黄芩和黄连等中药。生地偏于清热凉血，可助山栀子、黄芩、黄连一臂之力，泻火解毒的功效更佳，再加上四物汤养阴补血的作用，不但会让你的皮肤水润十足，还能让你拥有一张人人羡慕的"桃花脸"呢。炎炎夏日里，美女们在准备各种防晒装备时，也别忘记用温情饮这道古方来内调。

记得有一年夏天，公司派我去外地出差。我平时是挺喜欢出差的，办完正事后，顺带不花钱地游走一下，品尝一下当地的特色美食，当然，还能节省下不少出差补助。可是，在盛夏时节出差，我就很不情愿了，流火一样的八月啊，去的地方又是海口，那不是等于去"火焰山"吗？好不容易保养得似水如玉的皮肤，我可不想让自己成为一根又黑又干的木炭啊。

但是，能因为气候原因不出差吗？当然不能。好在我向中医借了把"芭蕉扇"，就是这款能补水润肤的温情饮。既然早期到南洋闯荡的先人能用温情饮治好中暑、皮肤病，对付我的防晒保湿问题，那更是绰绰有余了。于是，我在旅行箱里装了一大包药材就出发了。现在回想起来，觉得自己耗费那么多时间和精力学习中医美容真是非常值得的。这温情饮让我在小岛上度过了一段快乐的日子，皮肤分毫无损，一直是水汪汪的！

第六章

手足有措，美肌达人的迷人光彩

　　美肌，脸部自然是重点，但是当你拥有了水润、丰盈的面部肌肤后，却不经意地暴露了手部和脚部的问题肌肤，即使再好的脸部肌肤也不能为你增添光彩，这些不经意的小细节有可能使你的所有努力都功亏一篑。所以说，美肌千万不要忽略手和脚部肌肤的养护。

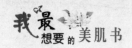

纤纤玉手是这样炼成的

《黄帝内经》中说："手之阴阳，其受气之道近，其气之来疾，其刺深者皆无过二分。"手部有很多穴位，手对于人体健康有着非常重要的作用。而女人的手，除了要捍卫女人健康外，还被誉为女人的"第二张脸"。对于每个爱美的女性来说，让手部皮肤变得细腻柔软，让手看起来漂亮，已成为亟不可待的功课了。

婚礼上最重要的一束花，莫过于新娘的手花了。造型师们经常用玫瑰、百合，甚至一小把可爱的非洲菊来衬托新娘的气质，配合宴会的整体气氛。同样，婚礼上最重要的手当然是新娘的手了，《诗经》有云：执子之手，与子偕老。在婚礼上，它不仅要被戴上最甜蜜的钻戒，还要紧紧地握住新娘一生的幸福。

然而，一双粗糙无华的手，僵硬、没有柔嫩感觉的手，在此时就显得逊色很多，让准新娘们有点"拿不出手"。

小如下个月就要结婚了，她对自己的相貌向来都很自信，唯一觉得美中不足的，就是自己这双手。都说手是女人的第二张脸，可是她的手一直都比较干燥，特别是到了冬天，看起来特别干，不像别的女生那么柔软，严重的时候，还可以看到裂痕和死皮……

事实上，每一位勤劳、善良的女性，都像小如这样，每天几乎都逃不开进出超市、翻拣蔬菜、洗涮餐具等烦琐的家务，此时我们美丽柔软的手，既要长期被冷水包裹，又要接触油污、灰尘……手表面的结构

——皮肤，自然会或多或少受到损伤。

皮肤是人类防御外部世界的第一道防线，可以为我们保暖；抵御外来有害物质入侵；还有着排泄体液中的废物等功能。手部皮肤更有与外界产生触觉的功能，手指尖有着众多的神经末梢，它的触觉、温觉、痛觉等极为敏锐，所以我们都称"十指连心"，稍有损伤就疼痛难忍。

手心手背变色龙

《黄帝内经》中提到的望诊，主要是指"望色诊病"。其实女人可以透过手部的肤色看出自己的问题所在。

※ 手太白也不健康

中医认为，手的颜色改变了，有可能是表示全身的体质在改变。女人的手太过苍白，表示你很有可能患有贫血症、失血症，属于中医的虚寒症、气血亏损症的范围。这样很白的手，简单地搓一搓是不能变红的，需要靠饮食调养和营养品调理来改善。

只要是女性，就比较容易患上缺铁性贫血，这是因为女性每个月生理期会固定流失血液。所以在我们周围，平均大约有20％的女性、50％的孕妇都会有贫血的情形。如果贫血不十分严重，就不必去吃各种补品，只要调整饮食就可以改变贫血的症状。

如首先要注意饮食，要均衡摄取肝脏、蛋黄、谷类等富含铁质的食物。如果饮食中摄取的铁质不足或是缺铁严重，就要马上补充铁剂。维生素C可以帮助铁质的吸收，也能帮助制造血红素，所以维生素C的摄取量也要充足。

其次多吃各种新鲜的蔬菜。许多蔬菜含铁质很丰富，如黑木耳、紫菜、发菜、荠菜等。

※ 女人手上的三原色

有的人手上皮肤的颜色呈红、黄、青相杂色，这是免疫力低下的表现。出现这种情况的女性，健康状况一般较差，肝脾免疫功能也不好，还会有月经不调等症状。

事实上，五谷杂粮、蔬菜水果等食物，都是增强免疫力的食物来源。但是压力、环境污染、酒精、香烟和毒品、肥胖、缺乏锻炼和年龄

等因素的存在，常常会影响女人的免疫力。不过，中医告诉我们，可以通过饮食和科学的生活习惯来提高免疫力。

山楂，富含多种维生素、果酸和微量元素，具有消积化滞、收敛止痢、活血化淤等功效。儿童、老年人、消化不良者尤其适合食用。

食用草本植物类食品，如山楂、生姜、橘子、香菇、大豆、人参、甘草、丝瓜等。水果要在饭前吃，蔬菜要生吃。饭前一小时吃水果，可以消除熟食的不良刺激，从而保护免疫系统；而蔬菜中含大量不耐高温、防病抗癌的有益成分，所以生吃蔬菜对女人更健康。

※ 这样的红色也不好

中医认为，掌面呈现红色，呼吸系统病症居多。这样的女人，容易感冒、咳嗽，有白色痰液，还失眠怕冷。

呼吸系统不好的女人，可多吃菜花之类的蔬菜。咳嗽痰喘者还可以食用莱菔子粥。它有化痰平喘、行气消食的功效，取莱菔子末15克、粳米100克，将莱菔子末与粳米同煮为粥，早、晚温热食用。但人参忌莱菔子，所以吃此粥期间不能服用人参。此外，还应多补充维生素E、胶原蛋白和胡萝卜素等。

莱菔子，别名萝卜子，味辛、甘，性平。有消食除胀、降气化痰之功效。用于治疗饮食停滞、脘腹胀痛、大便秘结、积滞泻痢、痰壅喘咳。

可见，美手也需要以内养外的，女人调理好日常饮食，平日充分摄取富含维生素A、维生素E及锌、硒、钙的食物，对我们的手部肌肤都会有所帮助的。

柔软润滑的手才是美丽的手

女人除了要调养手部的颜色，还要精心呵护出一双娇嫩柔滑的手。因为，女人的"手"不仅是有用的，更应是美丽的。

一双娇嫩柔滑的手等同于一张美丽灿烂的笑脸。在社交场合和别人握手时，女人都希望给别人的感觉是：这是一双柔软润滑的手。因为，从手上可以判断一个女人的身份、修养和生活品质。如果不精心养护，别人会从你的手上看到岁月的痕迹、生活的烦琐。

※ 多喝水，水润难挡

多喝水，能使肌肤由内而外都保持水润，手部也不例外。

※ 温水洗手干净光滑

不要让手长时间浸在水中，尽量避免频繁洗手。洗手时用洗手液，绝不能用刺激性过大的洗衣粉、肥皂。水温不能过冷或过热。手洗净后，一定要用干净、柔软的毛巾擦手。

※ 洗手加点醋轻松就保护

每次擦干手，然后在食醋中蘸一下，可以使皮肤表面形成一层酸性保护膜，对手的保护作用很好。

※ 勤抹护手霜简单有效

每次洗手后，把双手彻底擦干，再抹护手霜，可以在办公室、家中的厨房、卫生间等地方都放上护手霜，洗手后马上涂抹。

手部出现严重干燥时，可在涂完手霜后戴上棉手套，使手部保持热度，与护手霜协同滋润肌肤。也可以适当使用防晒霜，防止紫外线对肌肤的伤害。但是，最好不要用面霜替代护手霜，因为手比脸需要更多的滋润，面霜虽能被快速吸收，但可能无法对手形成有效的保护膜。

※ 护手的好帮手——磨砂膏

如果双手很粗糙干燥，可以先用温热水浸泡，然后用磨砂膏在双手手指上轻轻按摩，十分钟后，你会惊喜地发现，双手竟会变得意想不到的细腻滑润。

※ 按摩、敲击手部肌肤可促进血循环

打字、弹琴或用手指在桌面上轻轻敲打，都有助于促进双手的血液循环，同样的方法，也适用于冻疮的治疗。

经常按摩手指、手掌、手背等部位，也能起到美容作用，还可调节脏腑功能。

位于手掌面第一掌骨中点，拇指下隆起处的鱼际穴，有泻热宣肺、散淤润肤的作用；在屈指握拳时，尾指指尖所点处的少府穴，它有清心泻火、活血润肤的作用。经常按摩这两穴位，不仅可促进面部血液循环、解除疲乏，还能振作精神、提神醒脑，适合女人经常做。

少府穴，是心经的火穴，不仅能活血润肤，还可直接调节心脏.

心经的湿热症、火症都可以通过少府穴来调节。如舌头长疱了，小便黄了，就是心火下不去，揉少府穴就可以降心火。按摩前，最好先洗手；再搽点护肤品，以起到润滑作用；按摩时，力度宜稍轻，动作和缓；把手掌来回搓热后，再按摩手上的具体穴位；按摩时，用大拇指找准穴位和压痛点，顺时针揉一刻钟，直至发热为止；按摩后，注意应随即饮1～2杯清水，以促进新陈代谢，提高疗效。

特别的爱给特别的你

可以说，每天的家务劳动，其实是最伤手的，看看妈妈们哪个不是双手皮肤粗糙？在这里我可以告诉顾家女人几招护手秘笈，保你护手、家务两不误！

※ 在厨房干活一定要戴橡胶手套

厨房中的清洁剂化学成分高，碱性大，会吸掉手上大量的油脂，使手看上去很衰老，而橡胶手套是隔绝化学物质侵袭，保护双手肌肤的简单工具。

※ 不要将双手长时间泡在水中

做家务事，不要把手长时间浸泡在水中，因为干燥的空气会把手上的水分带走，使手越发的干燥。

※ 灵活使用工具

在摘菜或开瓶起罐时，也要尽量使用工具而不要用指头和指甲，以免损伤手部皮肤或指甲。

❀ 美容达人，要知"足"长乐

《黄帝内经》中写道："百病始于脚，人老脚先衰，养生先养脚，护足不畏老。"可见，脚与人体健康具有密切关系，每天进行足浴按摩以保持足部血液循环，对保证全身的血运行极其重要。双足美丽的女人很性感，而一个擅于护足养颜的女人，不仅性感更懂得掌控健康，享受生活。

台湾著名主持人大S，常念叨着自己的美丽心经，她还很是得意地说，其实她最"宝贝"的是身体最底下的那双脚，手脚清洁的重要性绝对能排进前三名，不过很多女性朋友都忽略了这一点。

双足美丽的女人很性感，擅于护足养颜的女人不仅性感，而且更懂得掌控健康，享受生活。古代贵族非常讲究足部保养，《黄帝内经》中已有双足是"第二心脏"的说法，清朝《御医手稿》中还记录了皇帝后妃们的沐足秘方。

在中医看来，我们的身体是一棵大树，面目五官、皮肤头发是茂盛的枝叶，体内经络是吸收、运送养分的茎枝，双足则是树木的根基。《黄帝内经》中记载了我们足部有38个穴位，身上最大的12条经脉中，有6条经脉之根都在脚上，足三阴经脉、足三阳经脉都是通过足部的循行通达至脏腑的。在《素问·厥论》中还有"阳气起于足五趾之表，阴气起于足五趾之里"的说法。可见掌控女人水嫩之源和健康之源的经脉都在这其中。

所谓"养树需护根，养人需护足"。从经脉的起源调理，可以帮助经脉中的气血运行；从经脉的终止调理，可以疏通经脉中的淤阻不畅。如今女人护足，既是一种健康的方式，也是一种生活的情趣和享受。现在开始，让我们关注双足，享受健康，"足"够健康。

秋天，不仅皮肤变得干燥起来，由于人体汗腺分泌的减少，足部的干燥、裂口、长茧接踵而至。同时由于角质层增厚，失去弹性，再加上外力牵扯、挤压，女人的足部很容易"沟壑纵横"，水分的流失，带走了女人足部的美丽。

※ 洗脚方法很重要

皮肤干燥的脚，每次洗脚后要用刷子将脚后跟、脚趾、脚缝等部位刷干净。洗脚后可涂些橄榄油，套个塑料袋，再浸入热水中，待毛孔张开后，营养成分便会被脚肌吸收，长期坚持，脚部的肌肤就会得到改善。

※ 去角质保养法

想让足踝快速恢复细致，最重要的环节便是去角质，即除去老化细

胞，帮助新陈代谢。女孩子的脚比较细嫩，因此一旦遇到伤害就会变得比较粗糙。

所以建议女性朋友们，为了设法让脚变回原样，可在你的双足浸泡15分钟之后，用圆滑的小石头摩擦；在脚跟、脚底等角质比较厚的地方，可以用浮石或磨脚板轻轻地磨去死皮，但切忌心急猛力硬磨，因为双脚泡过水后皮肤相对柔软脆弱，一不当心，容易将周围的皮肤弄破。

最后再涂上滋养霜，套上棉袜即可。去角质工作，基本上一个星期一次就够了。

※ 水果涂抹法

如果足部的皮肤过于粗糙，可以选择多食柠檬、西瓜、小黄瓜等富含维生素C的蔬果来擦脚，可防止脚部发炎，使脚部的肌肤细嫩白皙。

※ 花椒水泡脚在预防

双足护理重在预防。日常洗足时，特别在天气寒冷的季节，不要用太多碱性强的肥皂和药皂。可常用热水泡足，较简易的保健泡脚法是用花椒煎汤泡洗。它不仅可以祛寒，而且扶助阳气，在杀菌、消毒、止痛、止痒、消肿方面效果也很理想。

※ 善后工作处理好

在浸泡完双脚之后，一定要第一时间用毛巾擦干脚上的水分，这些小水珠在蒸发的时候会带走皮肤里的水分，而使皮肤变得干燥。然后立即抹上脚部护理的乳液或精油，并以打圈的方式轻轻按摩你的双脚。

有些女性朋友喜欢用剩下的面霜或手霜来护足，但这样效果并不好。因为足部对营养的需求与面部或手部不一样，最好用专门的加倍滋润的护足霜才能"喂饱"干燥的玉足。

睡前，如果能为双足套上一双棉袜，长期坚持，那你的玉足梦想不久就会实现。自然，在做一切清洁和诸如去角质的工作之前，必须要做的就是泡脚，回过头来我们再说一下泡脚。

花椒，性温，味麻，能促进唾液分泌，增加食欲；使血管扩张，从而起到降低血压的作用：服花椒水能去除寄生虫；有芳香健胃、温中散寒、除湿止痛、杀虫解毒、止痒解腥的功效。

※ 选一种最适合你的

泡脚时的水温还是以温热为好，这样做不仅能帮助软化脚部的硬皮、指甲软皮和厚茧，也有助于刺激脚底的穴道，促进血液循环。在泡脚的温水中，你可以加入一些足浴用的海盐。如果你是精油爱好者，则可以使用茶树、薄荷、乳香、迷迭香和丝柏的配方来进行足浴，每次5～6滴即可。

每一种精油都会发挥它神奇的功效：茶树有杀菌的作用，长期使用能治疗脚气；薄荷能改善脚臭的问题；乳香能让你脚部粗糙的皮肤变得柔嫩起来；迷迭香帮助舒缓双足的压力；丝柏则能收敛毛孔，改善脚汗问题。因此，可能的话，建议天天泡脚。

※ 泡脚的意外功效

泡脚时，会先从脚底传来温暖的感觉，几分钟后，体内就会觉得热乎乎的，然后气会随着血液，循环至身体的每个角落，积存的老旧废物排出体外。

这么一来，就可以驱散体内的寒意，调整自律神经系统及内分泌的平衡。不但达到减肥的效果，还能消除失眠、头痛、生理不顺及压力恼人的因素。

每天10分钟，手指按摩法

双手美丽而整洁的人必定是内心热情的人，而内心热情的人则是健康的人。健康的人拥有温暖纤细的双手，因为双手连接着身体的所有部位，可以通过手的颜色和模样去判断身体状况。现在，让我们通过简单的指压法学习来保持身体健康。

※ 拇指按摩

能够改善支气管和呼吸系统血液流动，预防感冒等相关疾病。

※ 食指按摩

对经常性的脸部浮肿症状很有疗效，还有利于改善视力及心脏的血

液循环。

※ 中指按摩

感觉头痛或颈部疼痛时，可以按压中指及其他手指，疼痛会有所缓解。尤其是高血压患者，按摩中指会特别有效。

※ 无名指按摩

能够促进肺部及消化系统的血液循环。

※ 小指按摩

能够促进脚踝和膝盖的血液流动，预防眼部疾病。

❀ 让双手变得光滑修长的按摩运动法

因为双手要经常暴露在空气中，所以手的护理要及时跟上。每天进行手指的按摩和运动，能够促进血液循环，还能防止双手变得粗糙，而且能够活动关节，防止手上堆积脂肪。

促进血液循环的手按摩法

（1）双手涂护手霜，然后从指尖向手腕方向推按，再反复，直到护手霜被充分吸收。

（2）按压手背骨骼之间的部分。

（3）用拇指和中指按摩每个手指的侧面。

（4）用拇指和食指依次按压每个手指根部。

（5）用拇指用力按压手心凹陷的部分，然后握拳，放在另一只手的手心上，轻轻地敲击。换手，重复动作。

让手指变得美丽的运动法

（1）十指交叉，手掌相对，用力。

（2）拇指和中指用力拉另一只手的手指，十个指头都要拉伸。

（3）双臂向前展开，做石头、剪刀、布的手势，各20次。这样能够防止手指变粗。

❀ 健康的指皮护理

当你选定喜欢的指甲样式，现在就要开始指皮的护理了。首先用温水将手洗净、擦干，从左边的指缝（支持指甲两侧的皮肤部分）开始涂抹指皮软化剂，在指甲的前端部分轻轻地做螺旋形涂抹，然后再涂右边的指缝。

完成上述步骤后，在指甲上涂抹指皮营养油，轻轻去掉甲周皮、甲上皮、指缝以及指甲边缘的死皮和残留物。

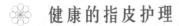

涂指皮营养油可以改变指甲周围的状态，保持指甲的健康。

甲周皮：包裹着指甲的皮肤组织。

甲上皮：位于指甲指皮下面的皮肤组织。

甲根：指甲根部，是新细胞形成的地方，很柔弱。在根部经过长时间的硬化后细胞向外伸张，形成指甲。

了解美甲的基本工具

指皮推

软化指甲（包括手指甲和脚指甲）周围的皮肤组织，给予适当刺激，改善指甲周围的环境。分为金属推和石推。

死皮剪

指甲的周围呈一条弧线形，但其中会有凸出的不整齐的部分，使用死皮剪可以干净地去除这些物质。

指甲剪

在修剪自然指甲或人工指甲的过程中，可以使用指甲剪来调整指甲的长度。

磨砂条

磨砂条用来修磨指尖，使所有的指甲保持相同的形状。磨砂条表面的粗糙程度通常用grit计来表示，在修整自然指甲时，用180grit计的磨砂条，修整人工指甲时使用100grit计的磨砂条较为适宜。

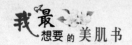

剪刀

可以用剪刀来裁剪丝绸、亚麻、玻璃纤维等纤维材料，从而装饰指甲。再健康的指甲也会因为过度的劳作而分叉或撕裂，这样的情况下需要用纤维材料，剪出适宜的大小，覆在上面。

泡手碗

在温水中加入各种软化剂，然后使用泡手碗来泡手。也可以用家里漂亮大方的容器来代替。

橘木棒

上色后进行收尾工作时，或在做美甲时使用橘木棒。在指甲护理的过程中最初开始使用的工具便是橘木棒。

抛光锉

在修整出指甲的模样之后，用抛光锉来整理指甲表面的工具。

纸巾

整理指甲粉末或其他残留物时使用纸巾，在家里可以用厨房里的纸巾来代替。

棉花

通常被称为化妆棉。当需要去除原来指甲上的指甲油时，在棉花上蘸取洗甲水，覆在指甲上擦拭。注意洗甲水的量不要太多，也不要让它流到指甲周围的皮肤上。

✿ 手部护理

手部护理，它的意思不是只给指甲上颜色，而是指手部护理的全过程。至少每周做一次基本的手部护理。

基本的手部护理顺序

（1）利用洗甲水去除指甲上的指甲油和赃物。

（2）用指甲剪修剪出自己理想的指甲形状。

（3）使用锉子去掉指甲表面的油分，使其保持光滑，将指甲的末端也磨光滑。

（4）用温水浸泡指甲2～3分钟，或者涂抹指皮软化剂，使指皮变得柔软。

（5）用钢推将指甲周围推平，涂指皮营养油。再次用钢推推拿指甲周围的皮肤组织，用死皮剪去除死皮。

（6）用热毛巾擦干净，开始手部按摩。

（7）用热毛巾将指甲上残留的油分彻底擦干净。

（8）涂底油，以保护指甲。

（9）选择自己喜欢的颜色，涂两遍指甲。涂完第一遍指甲油后，等完全干燥后再涂第二遍，这样涂上去才会整齐美丽。

（10）用橘木棒清除指甲周围的指甲油。

（11）最后，在指甲油上涂一层亮油。

知心
小提示：

去除指甲油时，可以在棉花上蘸一点洗甲水，等指甲完全吸收后一次性擦掉；在去除指甲油的油分时，一般在橘木棒上缠一层棉花，蘸取洗甲水进行擦拭。但如果皮肤变干燥了，或者干性皮肤的人使用之后，会变得更加干燥，所以最好用热毛巾来擦拭。

老茧、鸡眼、脚气、脚臭等各种脚部问题应对法

我们的双脚每天要承受我们的重量，我们在一生之中总共要走七万公里的路程，这可真不是一个小数字，听起来很不可思议。但大多数女孩却是穿着最不合适的鞋子走完了这些路程的。

双脚对于我们来说，是那么的重要。我们要好好呵护我们的双脚才是。

双脚丑陋的主犯——老茧

角质是皮肤形成的自我保护膜，如果皮肤受到外部的刺激或压力，会自行产生更厚的角质层，这种角质层的堆积会形成老茧。长时间穿不合脚或过紧的鞋子，走路习惯不好，或者不能使体重平均分散到双脚，这些情况下都会容易产生老茧。

护理方法：洗脚前用脚锉将老茧干净地推掉，涂抹脚部专用按摩霜，进行按摩。或者在热水中浸泡10分钟，将角质软化之后，用脚部专用锉将老茧轻轻推掉，太厚的角质则需要用削刀或剪刀去除。去除老茧后充分晾干，擦拭具有保湿成分的爽身粉或营养霜。脚部按摩完成后，可以穿着套子或袜子睡觉，来更好地保护双脚。如果情况比较严重，最好涂抹角质软膏或药物进行治疗。

凸凹不平、面目狰狞的鸡眼

产生鸡眼的最大原因是穿了不适合双脚的鞋子。鞋子太小挤压脚部，或者穿高跟鞋走长时间的路，都会使皮肤组织不堪重负而变硬，久而久之便会形成老茧。穿高跟鞋时，鸡眼通常出现在脚底板，其他情况下则会出现在脚后跟。老茧和鸡眼的区别是，老茧没有疼痛感，而鸡眼的坚硬部分压迫到神经，走路时会伴有疼痛感。只要我们不穿不合脚的鞋子，或者改掉不好的走路习惯，就能预防鸡眼。

护理方法：双脚保持清洁，注意空气流通，坚持做脚趾的伸展运动和转动。要在老茧的位置涂抹按摩膏，用按摩棒用力按压5分钟。坚持这样的按摩，坚硬的老茧可能会逐渐变软，直至消失。时间不太长的老茧或鸡眼，完全可以通过脚部按摩来治愈。如果鸡眼比较严重，可以用刮胡刀等工具将变硬的部分除掉，然后在鸡眼的中心部分涂抹专用霜，进行按摩。

女性也会被脚气困扰

我们每天对着镜子照脸的时间很长，但关注双脚的时间却不多。特别是女性，投入很多时间来化妆，却往往疏忽了脚部护理，长时间的疏忽可能会带来脚气的困扰。

如果你的脚上开始出现蜕皮或异味，说明已经有湿疹或脚气了。脚气是因真菌进入角质层，吸取营养后进行繁殖而形成的皮肤病。多汗的夏天，脚气和湿疹经常出现在脚趾和脚趾紧贴的部位。引发脚气和湿疹的病原菌是真菌，很不容易治愈。

平时泡脚可以使用泡脚药剂，泡完脚后要充分晾干，用毛巾将水分彻底擦干，预防湿疹和脚气。

※ 预防脚气的6种方法

（1）保持脚部清洁是根本，不穿尼龙袜改穿棉袜，或者赤脚，保持空气流通。

（2）出门前可以在脚上擦一些爽身粉，提前预防湿气的侵害，注意不要让汗水浸湿双脚。

（3）经常换鞋穿，注意不让鞋里产生真菌。

（4）下班后用加了醋或白矾的水泡脚。

（5）沐浴时加入少许蒜汁，不仅有很好的杀菌功效，还能预防脚气和湿疹。

（6）在盆子里接水，双脚放入后不要让脚踝浸到水，加入醋或盐浸泡20分钟后洗净，这样能够去除异味，预防脚气。

※ 此外的药物治疗法

市场上有很多有关治脚气的药，其实功能差不多。软膏药剂大致可以分为两类，一类直接抑制真菌的繁殖，具有杀菌效果，市场上出售的脚气药大多属于这一类。另一种脚气药则使繁殖真菌的皮肤表层脱落，这类药对使角质增厚的湿气很有效。此外还有液体药剂，成份和功效与软膏类似，主要适用于脚气已遍及整个脚部的情况。最近还出现了喷雾型脚气药，价格较高，但每天只需要喷一次，简单方便，而且功效不错。

这些治脚气的药物能够在一周之内让所有症状消失，但是问题恰恰

在于这里，如果症状消失后停止用药，脚气就会复发。要想在短时间内彻底去除真菌是不太可能的，角质生成的周期大概是20～40天，所以一定要坚持用药。如果情况比较严重，应该立即到附近的医院就医。

再也不担心脱鞋了

脚臭的原因在于，分泌汗水后，由于角质或皮肤内存在的细菌而产生异味。所以，如果出汗后双脚闷在鞋子里，人人都有可能有脚臭。如果汗腺分泌旺盛，会弱化角质的功能，运动时会出现蜕皮或疼痛。持续这样的状态，就会导致细菌的繁殖，产生脚气，所以平时要注意保持双脚的清洁。如果洗脚时放入醋或盐，还能防止异味的产生。

※ 去除脚臭的技巧

要经常用盐水泡脚。如果脚上有水气，很容易产生真菌，所以要随时保持干燥和干净。不要穿尼龙袜或太紧的鞋子，要选择通风好的鞋子，而且穿棉袜。脱袜之后可以让脚趾做相互摩擦运动，来促进空气流通。如果鞋子潮湿，很容易导致细菌繁殖，所以平时要把刷干净的鞋子放在太阳底下充分晒干。

※ 去除脚臭的8种民间疗法

（1）洗脚后擦爽身粉，不要让汗水流在脚上。

（2）将生姜片夹在指缝中，生姜的抗菌成分能够去除脚的异味。

（3）将脚擦干净，去除角质和湿疹。

（4）在穿过的皮鞋和运动鞋里塞进报纸，能够去除脚臭和湿气。

（5）在鞋子里或袜子上撒苏打或爽身粉。

（6）从药店买来白矾后放入鞋中，因为白矾具有吸收湿气、去除异味的功效。

（7）即便穿凉鞋，也会因为汗水和灰尘的作用产生异味，这时可以在凉鞋里撒一些白矾粉。

（8）洗完脚后擦护脚霜，这样也能起到杀菌的功效。

塑造光滑柔软的脚跟的按摩法

　　脚后跟的角质层增厚，或者因老茧、鸡眼而痛苦不堪的人，会血液循环不通畅，激素分泌受阻，皮肤老化并出现堆积现象。情况严重时，脚后跟会皲裂，甚至出血。所以我们要从现在开始，对脚后跟进行按摩，让它变得光滑柔软。

　　先使用足部专用锉来去除老茧，涂抹按摩膏。

　　用手掌将脚底的血液推向脚后跟，然后握住脚后跟，使用按摩棒或手拇指按压脚后跟。

　　用拇指或手掌用力按压脚后跟。

　　双手手指交叉，用手掌握住脚后跟，进行按摩。

　　这样坚持7～10天，会发现脚后跟变得光滑柔软。

第七章

叶绿喜人，花香勾魂，花言草语驻容颜

　　神话故事里，花是美丽之神维纳斯带给人间的礼物。我们常把娇艳美丽的女人比做花，而所有的女人都喜欢花。冲泡一杯花草茶，雾气袅袅升起，氤氲的花香是世间最美丽的飘荡。

❀ 玫瑰花茶，异香清远袭人来

极具浪漫色彩的玫瑰花可以说就是为女人而生的，它不仅是爱情的象征，还是女人养生的圣品。对于女性来说，多喝点儿玫瑰花茶，不但能缓解经期不适，还可以让自己的脸色像玫瑰花瓣一样红润，享受生为女人的甜蜜。

象征热情真爱的玫瑰花可以说是为女人而生的。早在隋唐时期，玫瑰就备受宫廷贵人的青睐。据说在杨贵妃沐浴的华清池内，长年浸泡着鲜嫩的玫瑰花蕾；一代女皇武则天朝饮玫瑰甘露，夜敷玫瑰花瓣，虽年过花甲，仍面若桃花；清代慈禧太后用玫瑰沐浴、美容，至暮年仍青春不衰。

玫瑰花瓣不管是用来沐浴还是用来泡茶，都有极显著的护肤养颜功效，是一种天然美容护肤佳品。

从中医上来说，玫瑰花味甘微苦、性温，最明显的功效就是理气解郁、活血散淤、调经止痛。由于玫瑰化的药性非常温和，能够温养人的心肝血脉，适合所有人。这样的好东西姐妹们怎么能错过？虽然我们不能像宫廷贵人那样奢侈，至少可以偶尔享受一下闲适而优雅的生活，泡上一杯玫瑰花茶滋润一下自己的容颜吧！

美容养颜的玫瑰花茶

玫瑰花茶初入口的味道可能没有它闻起来那么芬芳，但是小口小口地仔细品尝，慢慢你就会喜欢上这样的味道！现在给姐妹们介绍几种玫瑰花茶的做法。

西红柿玫瑰花茶

材料：西红柿1个，嫩黄瓜1条，新鲜玫瑰瓣12瓣，柠檬汁和蜂蜜各适量。

做法：西红柿去皮去子切小块，黄瓜洗净切小块，与玫瑰花瓣和适量纯净水放入榨汁机中榨汁，加入柠檬和蜂蜜调匀即可。

木瓜鲜奶玫瑰茶

材料：熟木瓜300克，鲜奶1瓶，新鲜玫瑰花瓣12瓣，白砂糖适量，姜汁数滴。

做法：将木瓜去皮去子切小块，然后加入适量纯净水，现玫瑰花一起放入榨汁机中，榨成汁倒出，再加入鲜奶、白砂糖、姜汁即可。

桂圆玫瑰茶

材料：桂圆5克，枸杞子5克，玫瑰花2朵。

做法：桂圆取肉，与枸杞子、玫瑰花一起用沸水冲泡10分钟即可。

西红柿玫瑰花茶可以促进皮肤的新陈代谢。让你的皮肤变得细腻白嫩。木瓜鲜奶玫瑰茶可以增加皮肤的弹性，平衡皮肤的酸碱度，防止皱纹，养阴润肺，促进胸部发育，对自己Cup不满意的姐妹不妨试试。桂圆玫瑰茶有养血滋阴、养颜润肤等功效，内分泌失调的姐妹不妨常饮。

玫瑰花茶赶走经期不适

经前综合征严重、痛经的姐妹们看过来，长期喝玫瑰花茶可以有效缓解生为女人的苦恼!中国古代药典《本草纲目拾遗》、《本草正义》、《药性考》等都对玫瑰行气解郁、和气散淤、理气开窍等功效进行了全面诠释，玫瑰花有很强的行气活血、化淤、调和脏腑的作用。我们平时所说的月经失调、痛经等症状。多和气血运行失常、淤滞于子宫有关，一旦气血运行正常了，大部分的痛经状况都能得到缓解。

此外，玫瑰花的药性非常温和，能够温养人的心肝血脉，舒发体内郁气，起到镇静、安抚、抗抑郁的功效。姐妹们在月经前或月经期间常

会有些情绪低落，喝点儿玫瑰花茶可以起到调节作用。在情绪焦躁时，打起精神，找一个透明的玻璃杯，放入玫瑰花，加入开水，待漂亮的花瓣在杯中慢慢绽放，然后趁热饮用，具有"解郁圣药"美誉的玫瑰花茶肯定会让情绪低落的姐妹们"多云转晴"。

对于那些痛经较严重的姐妹，除了喝玫瑰花茶外，痛经发作时还可用鲜玫瑰花200克煎汤，待浓缩成稀糊状，摊在四层纱布上，趁温热敷于脐部，用胶布固定，坚持每天换药一次，能有效缓解不适。

要特别注意的是，因为玫瑰有活血功效，行经顺畅或者经血较多的姐妹们在月经期间要暂停饮用玫瑰花茶。

玫瑰花茶的冲泡方法

冲泡玫瑰花茶的茶具没有太多讲究，可以用瓷器、陶器，也可以用玻璃的茶具，全凭姐妹们自己的爱好。我就偏爱用玻璃茶具来冲泡玫瑰花茶，看着那花朵在杯子里慢慢开放，颜色由透明变绿再变为淡淡的紫红，是一种视觉享受。在冲泡前，可用温热的水快速冲洗一下，再用开水冲泡。冲泡好的玫瑰花茶香味浓郁，闻之沁人心脾，趁热饮用效果最好！

泡玫瑰花的时候，也可以根据个人的口味，调入冰糖或蜂蜜，以减少玫瑰花的涩味。需要说明的是，玫瑰花最好不要与茶叶泡在一起，因为茶叶中含有大量的鞣酸，鞣酸会影响玫瑰花舒肝解郁的功效，达不到我们想要的美肌效果！

自从一见桃花后，直至如今更不疑

阳春三月，桃花吐蕊。桃花的娇美常让人联想到生命的丰润。古人曾用"人面桃花相映红"来赞美少女娇艳的姿容，事实上，桃花确实也有美颜的作用。经常饮用挑花茶，可以让姐妹们"面若桃花"，永葆少女般光彩袭人的容颜。

"桃之夭夭，灼灼其华"，桃花素来象征青春活泼的少女。落第进士崔护在春游时，看到桃花丛中艳若桃花的少女，顿时目注神驰、情摇意荡，留下"人面桃花相映红"的诗句，更是让无数女人对"面若桃花"这样的境界充满了向往。

其实，桃花确实有美容增色的功效。

桃花的美容价值可谓流传甚广，现存最早的药学专著《神农本草经》中记载，桃花具有"令人好颜色"之功效。从现代医学来看，桃花中含有山茶酚、香豆精、三叶豆甙和维生素A、B族维生素、维生素C等营养物质，这些物质能扩张血管，疏通脉络，润泽肌肤，改善血液循环，促进皮肤营养和氧气供给，使导致人体衰老的脂褐质素加快排泄，防止黑色素在皮肤内慢性沉积，从而有效防治令姐妹们头痛不已的黄褐斑、雀斑、黑斑。桃花中还富含植物蛋白和呈游离状态的氨基酸，容易被皮肤吸收，可改善皮肤干燥、粗糙、生皱等状况，作为化妆品用还可增强皮肤的抗病能力，对皮肤大有裨益。

桃花茶还具有明显的排毒、减肥、祛斑等效果。悄悄地告诉姐妹们，我喝桃花茶的主要目的是缓解我的便秘症状。每当我嘴馋吃太多的辣菜，第二天大便不顺畅时，我就会赶紧泡一杯桃花茶来缓解。方法很简单，将桃花加适量沸水冲泡，温后加适量蜂蜜，当茶饮用就可以啦，一般3小时左右即可见效。桃花茶的这种利水、活血、通便的功效，无成瘾性，使用安全，有便秘的姐妹们不妨试试吧。不过，桃花偏凉，只适用于肠胃燥热便秘，体质偏凉的姐妹们还是要慎用！

对了，再给对自己体重不满意的美眉推荐一款好用不贵的减肥桃花茶吧！桃花和葛花都有促进排便的作用，长期饮用可以减肥瘦身。

桃花葛花茶

材料：桃花（干品）4克，葛花（干品）2克。

做法：取上述材料用沸水冲泡，10分钟后饮用，可反复冲泡3～4次，当茶饮用即可。

桃花茶喝起来有股淡淡的桃仁苦味，在冲泡桃花茶时可以加入甜菊花、冰糖或者蜂蜜，这样既能去除一部分桃花茶的苦味，还可以增加其

他的美容功效。在夏天做桃花茶时可以加入一些冰块，特别爽口宜人，不过孕妇不宜饮用，月经量过多的女性在经期也不宜饮用。另外，桃花茶是一种排毒花茶，寒性体质、脾胃虚寒的姐妹最好不要饮用，闹肚子甚至出现不良反应就不好了。

两个桃花养颜小提示：

（1）利用桃花美容的简单方法就是将含苞待放的新鲜桃花捣烂，取汁涂于脸部，轻轻按摩片刻；也可用阴干的桃花粉末，和蜂蜜一起调匀后涂敷脸部，然后洗净。长期使用这款桃花蜂蜜面膜，可以让你变得面色红润，皮肤润泽光洁、富有弹性。

（2）古人常用桃花酿酒来美容。在清明节前后，桃花还是花苞时，采桃花250克、白芷3克，用白酒1000毫升密封浸泡30天，每日早晚各饮15～30毫升，同时倒少许酒在手掌中，两掌搓至手心发热，来回揉擦面部，对防治黄褐斑、黑斑、面色晦暗等面部色素性疾病有较好的效果。长期坚持，可使容颜红润，艳美如桃花，有条件的姐妹们可以试试。

❀ 水果焕肤，塑造天然的美丽

随着时间的流逝，我们再也不是那个纯情水嫩的小丫头了。三年的时间足可以使你的皮肤被岁月无情地吞噬掉。如果这时还不及时保养，那就要彻底被淹没在时间的瀚海里了。所以，爱美的姐妹们赶紧动手来呵护自己的肌肤吧，来一次水果美肤之旅，相信工夫不会辜负有心人的。

早饭后吃一个苹果；

午饭前吃一根香蕉，或者吃一个猕猴桃；

晚饭后吃一些草莓、橙子（可以吃，也可以涂在脸上）。

只要能坚持住，你的皮肤就不会像以前那么粗糙了，会开始变得细腻光滑起来。

我也一直崇尚自然、健康的美容术，水果美容便是我最青睐的方法之一。其实，有很多名人就用水果来美容，比如杨贵妃的荔枝美容，奥尼拉·姆迪的猕猴桃洁面霜等。因为水果富含维生素、矿物质、氨基酸、蛋白质等丰富的营养成分，是美丽的天然内在动力。把水果直接敷在皮肤上，不仅不会伤害皮肤，还有美容养颜的效果，何乐而不为？

但是要提醒大家一下，用在肌肤上的水果一定要选新鲜的，不能用催熟的、含有农药的水果。在这里给大家介绍一种"一望、二闻、三尝、四掂"法，可以帮你买到好水果。

一望，就是看水果的外形、颜色。比如自然成熟的西瓜，由于光照充足，瓜皮颜色深亮，条纹清晰，瓜蒂老结；催熟的西瓜，瓜皮颜色鲜嫩，条纹浅淡，瓜蒂发青。

二闻，是闻水果是否有异味。自然成熟的水果，大多能闻到一种果香味；催熟或"美容"过的水果不仅没有果香味，甚至还隐约残留着药剂的味道。

三尝，这是一种最保险的方法。要知道梨的滋味，就要亲口尝一尝。

四掂，催熟的、注水的水果有个明显特点，就是重。同一品种、大小相同的水果，催熟的、注水的同自然成熟的相比，要重很多，特别是西瓜，最容易识别。

果蔬美容
小提示：

美丽水果1：草莓、苹果、木瓜等具有润泽美肤之功效。

美丽水果2：樱桃、柠檬、荔枝等具有美肤之功效。

美丽水果3：香蕉、苹果、菠萝等具有排毒润肠之功效。

美丽水果4：葡萄、猕猴桃、菠萝具有促进代谢之功效。

美丽水果5：樱桃、葡萄、柠檬具有净化平衡体质之功效。

水果美颜方：将一个苹果去皮切块或捣成泥状，然后均匀涂于脸部，15～20分钟后用清水洗净即可。经常使用这个美容方法，可使皮肤细滑、滋润、白腻，还可消除皮肤暗疮、雀斑、黑斑等症状。

其实，蔬菜也是很好的美容品，比如番茄、黄瓜、土豆等。用番茄、黄瓜进行美容的方法大家都很熟悉了，在这里就给大家简单介绍一下土豆美容的方法。

把土豆汁液涂敷在脸上，可起到增白作用；把土豆片贴在眼睛上30分钟，能减轻下眼部位的浮肿；用生土豆面膜敷在脸上，能减轻脸部浮肿，舒展皮肤，让你的脸光润嫩美。

- -

❀ 茉莉花香，闻到春天的气息

茉莉花茶在花茶中向来有"可闻到春天的气息"之美誉，不仅如此，茉莉花的养颜功效也是经过古今检验的，不论是《本草纲目》中的记载也好，还是现代药理研究也好，一致的结论是茉莉花是香体美颜的不可多得之物。

茉莉花的香气是花香中最"丰富多彩"的，其中包含有"恰到好处"的动物香、青草香、药香、果香等——几乎没有一个日用香精里不包含茉莉花香气的，每一瓶香水、每一块香皂、每一盒化妆品都可以嗅到茉莉花的香味。

关于香妃的美丽传说流传至今，引人入胜。作为乾隆皇帝最宠爱的妃子，这位维吾尔女子最令人着迷的莫过于她身上那股奇特的体香，传说她"玉容未近，芳气先至，既非花香，也非粉香，另有一种奇香异馥"。其他的嫔妃贵人们对香妃既羡慕又嫉妒，纷纷探究其体香的奥秘。最终还真有人给挖掘到了，原来，秘密就在于茉莉花。就是一味简简单单的茉莉花，让香妃的肌肤莹润白皙，而且芳香袭人。

香妃的传说虽然难辨真假，但茉莉花的确有美容的功效，而且是古代常用的美容花，人们常用它的浸液来制作香水，香气芬芳宜人。《本草纲目》中记载用茉莉花"蒸油取液，作面脂头则泽"，而且可"长发润泽香肌"。现代药理研究也证明，茉莉花中含有香精油和芳樟醇酯等物质，不但能滋润肌肤，还能抑制黑色素的形成。

说到茉莉花，就不能不提茉莉花茶，它可是有着"可闻到春天的气息"的美誉。茉莉花茶属于绿茶的一种，它既保持了绿茶浓郁爽口的天然茶味，又饱含茉莉花的鲜灵芳香，因此备受人们喜爱。对每日坐在办公室的姐妹们来说，只要每天喝上一杯清香四溢的茉莉花茶，就能在举手之劳间拥有一份好颜色。

茉莉花茶能提神、安定情绪、舒解心头郁闷之气。人们的生活越来越富裕，同时压力却越来越大，烦恼也越来越多，难免会有"心情拔凉拔凉"的时候。此时，干脆什么都不想，推掉所有的应酬，躲在家里，听听音乐，再来一壶茉莉香茗，学学古代名士，与茶结善缘。当淡淡的清香沁入心脾，你会发现整个人浊气尽消，整整一天都会变得神清气爽。有闲情逸致的姐妹们，快来自己试着蒸制茉莉花茶吧。

随着年龄增大，我越来越喜欢茉莉花了，喜欢它"玉阑干外净无尘，茉莉香来扑鼻新"，喜欢它的低调沉静，喜欢它的洁白素雅……每到春天，当它绽放出朵朵小花儿，我都会有老友相逢的欣喜之感。

茉莉花茶一年四季均可买到，但是茉莉花开的季节却给我们提供了更好的宝贝来呵护这张小脸儿了。姐妹们不妨将新鲜的茉莉花瓣浸泡在冷水中，密封几日后，兑入少许白酒。每天早晚洗脸后用它来敷脸，保湿美白的效果超级赞。

❀ 双仁绿茶，不经意间绽放的奇迹

每个女人都渴望破蛹化蝶的那一刻，从厚厚的躯壳中挣扎着伸出细嫩的触角，薄而绚丽的翅翼在阳光的照耀下，色彩一点点明媚起来，空

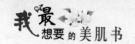

气中的温度通过触角传遍全身，然后，在一刹那间，积蓄所有的力量，展翅而飞让整个世界为之惊艳。

破茧而出、羽化成蝶是一种奇迹，毫不夸张地说，每个女人都渴望有这化蝶的一刻，完成一次"丑小鸭到白天鹅"的蜕变，让世界为之大吃一惊。当然，还有一个小小的心思——让那些曾经对自己不"感冒"的臭男人们后悔去吧！

对于女人来说，想要华丽转身完成蝶变的"奇迹"，可以从很多方面入手。从外貌上来说，要美白、祛斑、战"痘"，除此之外，瘦脸更是一项不能落下的工程。这一点，成功蝶变的台湾女明星大S会告诉你。

大S的瘦身秘招——双仁绿茶

大S，公主般的俏丽容颜，精致的小脸，曼妙的身姿，令她红遍了海峡两岸。可是你知道吗？大S如今的绰约风姿，完全是靠后天修炼而来的。在上中学时，她还是小胖妹一个，最胖的时候重达120斤！更让她头疼的是，她还有一张胖嘟嘟的圆脸。任何一个人哪怕用小脚趾想想都知道，一张小脸儿对于女艺人来说是多么重要。脸蛋儿小，五官和轮廓才会显得分明，在荧幕前才会显得更为秀丽，星路才会走得顺畅。为了瘦脸、瘦身，大S总结出了很多秘诀，其中就有被称做"瘦脸茶"的双仁绿茶，不仅无任何副作用，而且效果相当显著。大S能够从小胖妹变身窈窕玲珑的小脸俏佳人，这款双仁绿茶可以说是功不可没的。

 双仁绿茶　材料：薏仁粉10～15克，绿茶粉5克，杏仁粉少许。

做法：将杏仁粉、薏仁粉和绿茶粉一同用开水冲泡，搅拌均匀后，焖几分钟即可饮用。

解读双仁绿茶

为何双仁绿茶有如此显著的瘦脸消脂之效呢？让我们一起来研究一下它的配方吧。

绿茶，我国历史上最早的茶类，距今至少有三千多年的历史。当我们感觉疲惫、昏昏欲睡、精神委靡或是思维闭塞的时候，饮一杯古韵十足的绿茶，便可精神焕发、头脑清醒、茅塞顿开、思路宽广。大家知道绿茶还有什么功效吗？瘦身！没错，茶叶的消脂作用，古人早有认识。早在《神农本草经》中就曾记载："茶味苦，饮之使人益思、少卧、轻身、明目。"这里所说的"轻身"，直译过来，就是咱们现在所说的"瘦身"了。古人还认为，茶叶之所以有减肥的功效，是因为它能涤荡肠胃一切垢腻，特别是油腻。《本草备药》中就谈到茶叶能"解酒食、油腻、烧灼之毒……多饮消脂，最能去油"。去油消脂的瘦身理念，原来古已有之。

杏仁，入肺经、脾经、大肠经，它有一个很重要的功效——润肠通便。《滇南本草》中说"杏仁润肠胃"，《本草求真》则称杏仁"润则通秘"。便秘是减肥的拦路虎，宿便会影响肠胃的正常蠕动，阻碍营养物质消化，从而造成肥胖。杏仁就是靠润肠通便的必杀技，才能在风起云涌的"瘦身江湖"争得一席之地。

双仁绿茶
小贴示：

杏仁分为两种：一种味苦，名为苦杏或北杏；另一种味甜，称做甜杏或南杏。只有苦杏仁才有润肠通便之效，甜杏仁偏于润肺、滋润肌肤。想解除便秘之忧的胖妹妹，在挑选杏仁时可要记住这句话：杏仁，甜则养颜，苦则通便。不管是甜杏仁还是苦杏仁，都有微毒，所以姐妹们在吃杏仁的时候要注意用量，一般一天不要超过12克。

薏仁，兼有瘦身和美白两大奇效，所以在很多方子里都可见到它的倩影。

配方了解完毕，咱们就来泡一杯香气四溢的双仁绿茶吧。

喜欢亲力亲为，将配制香茗的过程视为一种享受的美眉，不妨去超市购买杏仁和薏仁，回家后自己用研磨机研磨成粉。而崇尚简便的"懒"美眉们，则可以直接购买现成的杏仁粉和薏仁粉来冲泡。由于苦杏仁有些苦味，可加些牛奶来调味，但不能加糖，不然会增加热量，这道茶的减肥功效就会大打折扣。

双仁绿茶虽是瘦脸、瘦身的顶尖高手，但也不能"贪杯"，尤其是在月经期间不宜饮用。因为这道茶偏凉性，经期饮用会导致气血受寒而凝滞、经血排出不畅，从而引发痛经，严重的还可能造成月经不调。切记、切记！

唠叨到此，大家的双仁绿茶泡好了吗？茶色淡绿，甚是好看；茶香幽雅，令人心旷神怡。如此香茗，细细品味，真是一种难得的享受。最重要的是，常饮此茶，我们还将拥有梦中的精致小脸，实现蝶变的"奇迹"！人生一世，多创造一个奇迹，就多一份超越自我的喜悦，也就多了一份绮丽的人生风景！

冲泡绿茶的小技巧：

泡茶时注意水温不宜过高，一般来说，冲泡绿茶时，水温控制在80～90℃之间；冲泡绿茶粉，用40～60℃之间的温开水即可。但我们喝茶时不可能用温度计来测试水温，主要是凭自己的经验，比方说泡绿茶时，如果一半叶子漂在水面，另一半慢慢往下沉，水的颜色是翠绿色，则说明水温正好。泡好的绿茶，最好在一小时内喝掉，以免茶里的营养成分损失掉。

金银花糖茶，让你拥有丝滑肌肤

金银花又名金花、银花、忍冬花、金藤花。这种黄白两色、清香扑鼻的小花，具有清热解毒的神奇功效，给爱美的姐妹们减少了很多的烦恼，让大家都能美得更清凉。

提到金银花，我就迫不及待地想给众家姐妹们讲一个关于金银花的传说。记得小时候第一次听到这个故事时，俺可是感动得一塌糊涂。正

是因为这个故事，让我对金银花有一种别样的情怀。

传说古时候，在一个小村庄里，有一对善良的夫妻，妻子生下一对可爱的双胞胎女儿，一个叫金花，一个叫银花。她俩长得如花似玉，而且聪明伶俐。父母甚是疼爱，乡亲们也很喜欢这对姐妹。两姐妹长到十八岁的时候，更加娇艳美丽，所谓"窈窕淑女，君子好逑"，求亲的人几乎要踏破门槛。可感情甚笃的姐妹俩害怕出嫁后从此分离，所以拒绝了所有上门求亲的人，私下里发誓："生愿同床，死愿同葬，永不分离！"爹娘没办法，也只好随了她们。

可惜好景不长，有一天，金花得了一种怪病，浑身发热，还长红斑。这病来势汹汹，没几日，金花就卧床不起了，整个人迅速憔悴下去。银花赶紧请大夫给金花看病，医生诊断之后，叹了一口气，说："哎，这是热毒症，无药可医，只有等死了！"听说姐姐的病没法治，银花守在金花的床前，哭得死去活来。金花害怕将热毒症传染给妹妹，极力说服她离自己远一点儿，但银花坚持留在姐姐身边，不幸也染上了热毒症。但她一点儿都不后悔自己的决定。在临死前，两姐妹对爹娘说："我们死后，要变成专治热毒症的药草，以后得这种病的人就不会像我们这样只能等死了。"看着两个娇俏俊美的女儿双双撒手而去，两位老人禁不住老泪纵横。按照两姐妹的遗愿，乡亲们帮助两位老人将她们合葬在一个坟里。

第二年春天，百草发芽。可这座坟上却什么草也不长，单单生出一棵长满绿叶的小藤。三年之后，这小藤长得十分茂盛。到了夏天，小藤上竟开出花来，初为纯白，继而变黄，煞是好看。金花和银花的爹娘来坟前祭奠时，觉得很奇怪，但想起两个女儿临终前的话，就将这种花采回去，送给村子里有热毒症的乡亲治病，果然有很好的疗效。乡亲们认为黄花是金花所变，白花为银花所变，就将这种花取名为"金银花"。

听完这个故事，聪明的姐妹们一定看出点儿门道来了，那就是金银花有解热毒的功效。没错，芳香的金银花自古以来就是清热解毒的良药，并享有"药铺小神仙"的美誉。《神农本草经》中记载："金银花性寒昧甘，具有清热解毒、凉血化淤之功效，主治外感风热、瘟病初

起、疮疡疔毒、红肿热痛、便脓血等。"《名医别录》中记载它有治疗"暑热身肿"的功效。《本草纲目拾遗》也称:"银花(金银花的简称)气芳郁而味甘,开胃宽中,解毒消火,以之代茶,尤能散暑。"

讲到这儿,有姐妹会说,是是是,我知道了,金银花可以解热毒,但是我现在最头疼的是我的皮肤问题,尤其是炎炎夏日里,恼人的痘痘,还有巨大无比的毛孔。告诉你吧,除掉了热毒,什么痘痘啊、毛孔粗大啊,全都是小Case。为什么这么说呢?首先让咱们来认识一下何为热毒。

中医将致病的外因,也就是自然界的一些致病因素,称做"外邪"。外邪一共有六种——风、寒、暑、湿、燥、热,其中的热邪就是热毒。简单一点儿说呢,热毒就是上火了,火气大。尤其在火热旺盛的夏季,人体更易被热邪入侵,往往内火旺盛。火气大会使人口舌长疱,眼睛红得像小白兔,还会令人心情烦躁,皮肤上则会出现姐妹们巨讨厌的痘痘。

仔细想一想,是不是夏日里脸上的痘痘尤其多呢?一冒痘痘,很多姐妹就条件反射似的开始对镜"战"痘!我那几个与痘做伴的闺友,经常对着镜子用力地挤啊挤。这一挤虽然暂时挤掉了痘痘,但是后患无穷。一是留下难以消除的痘疤,二是导致毛孔粗大。因为在挤痘痘的过程中,皮肤毛孔周边的结缔组织常会受到压迫,进而变形,失去原有的弹性和支撑力。没有了结缔组织的支撑,毛孔就会松弛、变大,皮肤看上去就像被扎了无数个大号针眼,能好看吗?什么优质美肌,简直就是天方夜谭了。

所以呢,我强烈建议爱美的姐妹们,要多喝金银花糖茶,灭了火气,不用你对皮肤"施压",痘痘自然会慢慢消退。

金银花糖茶

材料:金银花10克、红糖适量。

做法:将金银花洗净,加入红糖,用开水冲泡10分钟即可。每天喝1~2杯,也可不拘时间地饮用。

金银花泡茶喝有什么讲究

金银花药性偏寒，所以最好在炎热的夏季饮用。寒性体质、脾胃虚寒的姐妹们最好不要喝金银花茶，否则很可能会闹肚子，甚至出现不良反应。最后再提醒一点，经期、坐月子时都不适宜喝金银花茶，因为这期间身体处于失血状态，体质虚弱，如再进食寒凉的东西，无疑是雪上加霜，痛经啊、月子病啊，这些一听就让人打寒战的妇科病，很可能就会找上你。

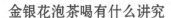 美容圣品——橄榄油

在西欧古画和埃及金字塔的壁画中，各种美女出现的场面都有一个共同之处：美女身旁的侍女，总是小心翼翼地捧着一只陶罐。那么，你知道罐内盛的是什么吗？其实就是神秘的橄榄油。

传说中的埃及艳后克里奥佩特拉天天用橄榄油擦脸、擦发、擦身，于是肌肤光泽细腻而富有弹性，头发柔软润泽。而住在爱琴海沿岸的女子，尽管常年生活在高温天气里，但她们都拥有光亮鲜丽的皮肤，其秘诀就是使用橄榄油。在西方，人们甚至认为橄榄油是美的源泉，因此橄榄油也被誉为"美女之油"。

橄榄油是橄榄的天然果汁，其所含的脂肪酸和多种天然维生素A、维生素D、维生素E、维生素F、维生素K等成分，对滋养肌肤十分有益，其中维生素E的含量每100克橄榄油中高达8毫克，是所有植物中最高的，因而橄榄油既可食用，也可直接用做美容护肤。其用做护肤品的历史已有数千年之久。

橄榄油的营养成分非常丰富

维生素E

橄榄油中所含的维生素E既可滋润皮肤，又能抑制油性皮肤的皮脂分泌，具有调节整个皮肤状态的功能。同时，它也是极佳的抗氧化剂，

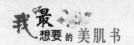

能有效延缓因脂肪被氧化、细胞老化所带来的早衰、早老、色斑、皱纹等现象。

不饱和脂肪酸

这是一种很好的脂肪酸，可帮助分解身体中的毒素。纯橄榄油中的不饱和脂肪酸是油类中含量最高的。

多酚氧化酶

这是一种天然抗氧化剂，能刺激骨胶原的增生，强化皮肤细胞间的连结，使肌肤保持活力，充满弹性。

保湿剂

细致的精油分子能迅速渗透到肌肤真皮层，通过血液循环输送，从而强化肌肤的天然保水屏障，并补充滋润度。

橄榄油极易被皮肤吸收，虽然是"油"，但不黏不腻、感觉清爽。当皮肤感觉干燥时，脸上会生成许多小皱纹，而橄榄油能软化和滋润肌肤，用它来按摩肌肤可保持血管畅通，肌肤自然有弹性，皱纹也就不容易出现了。

如果你是干性皮肤，或者在秋冬季节感觉皮肤干燥，橄榄油可派上大用场。脸洗干净后，以干毛巾轻轻拭去水分，再用棉棒蘸橄榄油遍抹于脸上。橄榄油渗透得越多，效果越好，因此要用双手轻轻按摩脸部，以促进橄榄油的渗透。10～15分钟后，再用热毛巾敷面，最后以干毛巾轻轻擦拭即可。至于身体肌肤也可如法炮制。当天气干燥时，嘴唇常会脱皮干裂，这时候，只要稍稍抹点橄榄油就可以解决。具体做法是：以棉棒蘸橄榄油涂在唇上，并用手指轻轻地按摩数分钟即可。

第八章

草药美肌，中医给你"好脸色"

一个人如果面色红润，皮肤细腻，而且光滑，则代表身体的脏腑经络功能正常；反之，如果面色暗黄，皮肤粗糙，则会出现脏腑功能和气血失调的反应。那么，中药调理是最安全、最治本的方法，中药调理能令你的肌肤迅速恢复光泽、靓丽。

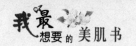

中草药成就红颜丽人

很久以来，女人都依赖化妆品来美容，但是绝大多数化妆品是由化学物质合成的，其中含有许多对人体有害的成分，容易引起病变反应。如果有一种物品能够充当天然的化妆品，相信没有哪一个女性会拒绝。

远在太古时代就有用花卉或者野生植物制作的天然化妆品，距今已有4000多年的历史。据记载，古人常用中草药美容，称为嫩面。唐朝的庞三娘因为选用了中草药美容，一生保持了少女般的容貌，春秋战国时期的《黄帝内经》以及《神农本草经》等许多古籍医书都有中草药美容的记载。

唐代的杜甫有诗说，"口脂面药随恩泽"，说明了当时涂唇的口脂。美容的面药等已经作为皇帝恩赐的常用之品，赏赐给嫔妃，以示皇恩浩荡。据史书记载，武则天57岁时，仍然有年轻时的容貌，世人认为这与她用香汤沐浴、药粉洗面，油脂、香粉等宫廷秘方涂面是分不开的，证明中药美容方法具有独特的功效。

中草药美容资源丰富，分布广泛，方便简单，且可免受药物伤害之苦。为什么不试试呢？在尝试之前，我们需要了解常用的美容中草药，以及它们的功效。

有护肤美容作用的中草药非常多，常用的美容中草药主要有以下这些：

当归：味甘、辛，性温；归肝、心、脾经，具有补血活血、祛淤生新的功效，因此对于因血虚导致面色不好的人有较好的疗效。长期服用当归，可使面部皮肤重现红润色泽。其护肤美容作用来自于当归能扩张皮肤毛细血管，加快血液循环。当归中含有丰富的微量元素，能营养皮肤，防止粗糙。可用于粉刺、褐斑、雀斑及脱发。

用法：当归50克，加适量水煎煮2次，煎煮1000毫升过滤。容器可用搪瓷、陶瓷及玻璃制品；不用铁铝制品。面部以煎剂蘸搽；头皮部洗头后搓揉。

川芎：味辛、性温，归肝、胆、心包经。有活血行气、祛风止痛的功效。现代研究发现：川芎对微循环系统有很好的调节作用，其水浸液对某些致病性皮肤真菌有较强的抑制作用。川芎还有抗维生素E缺乏的作用。此外，川芎还能抑制酪氨酸酶的活性，从而对黑斑、雀斑、老年斑起到治疗作用。

用法：川芎6克，沸水冲泡，当茶饮用，或将川芎6克、茶叶15克、红花3克，沸水冲泡，当茶饮用；川芎、红花各5克，水煎3次，混合后做饮料，早中晚各饮其1／3。这些方剂，除能祛斑除皱、润肤增白、生发乌发外，并能防治痤疮、痈肿，还有抗癌、抗病毒等功能。

人参：味甘、微苦，性微温；归肺、脾经，具有大补元气、安神增智等功效，对于因气虚而面色不华、须发不生者有较好疗效。人参有使皮肤毛细血管扩张，加速血液循环，增强细胞活力，增进毛囊的营养供给，加强头发的抗脱强度和延伸率等作用。因此有着较好的美容、生发效果。但要注意，人参不可乱补。

用法：人参4克，黄芪18克，糯米70克，白糖4克，白术8克。将人参、黄芪、白术去净灰渣，加工成薄片，用清水煎成浓汁，取出药汁后，再加水煎开后取汁。早晚分别取汁煮糯米粥，加白糖趁热吃。补正气，抗衰老，美容颜。人参大补元气，补益脾肺，生津止渴，安神增智。

珍珠：味甘、咸，性寒，归心、肝经，有润泽肌肤、化腐生肌、解毒敛阴的功效。它含有多种氨基酸，对皮肤有很好的营养、滋润作用。它对于改善皮肤的衰老状态有良效。因此用珍珠制成的乳剂涂抹皮肤，

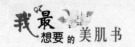
被吸收后，可降低细胞内脂褐质的含量，长期使用能令黄褐斑及色素沉着大为减轻。

用法：用温水清洁面部，然后倒适量珍珠粉与日常用的护肤品充分调和，均匀抹在脸上，轻轻按摩即可，或珍珠、茶叶各等份，用沸水冲泡茶叶，以茶汁送服珍珠粉。有润肤、葆青春、美容颜等功效，适用于开始老化的皮肤。

何首乌：味苦、涩，性微温；归肝、肾经，具有补益精血、强筋健骨、黑发轻身之功效，可用于肝肾不足所导致的须发早白。何首乌能促进超氧化物歧化酶（SOD）的活性，可明显扩张血管，加速血流，延缓细胞的衰老进程，所以对影响美容的早衰现象具有抑制、延缓的效果。

用法：鸡蛋2个，何首乌5钱。何首乌洗净，同鸡蛋一齐煲清水2碗。煲1小时，取蛋去壳，再煲片刻即成，食蛋饮汤。补肝肾，益精血，滋阴强壮，抗胆固醇增多，抗动脉硬化，抗病毒。

枸杞子：《神农本草经》称枸杞子"久服坚筋骨，轻身不老，耐寒暑"。《本草汇言》赞之"使气可充，血可补，阳可生，阴可长"。枸杞子有类似人参的"适应原样"作用，且能抗动脉硬化、降低血糖、促进肝细胞新生等作用，用之有增强体质，延缓衰老之功效。

用法：枸杞子泡水、泡酒或煲汤都可。

地黄：被称为生命的燃料。护肤美容方剂有：地黄酒，有除病延年、乌发健齿的功效，服之面部有光泽。

用法：地黄炒面，生地黄500克，白面250克，捣烂、炒干、碾末。每日空腹服10～20克。治未老先衰。

三七：又名田七、参三七。其味甘苦、微温，具有化淤止血、消肿定痛的功能，被历代医家誉为"止血之神药"。清代名医赵学敏在他所著的《本草纲目拾遗》中说，"人参补气第一，三七补血第一，味同而功亦等"，称三七为"中药之最珍贵者"。是女性最天然的良好美容护肤养颜产品，它能抗衰老，保护皮肤，改善皮肤外观，使皮肤柔软并增加弹性。

用法：三七的吃法多种多样，三七汽锅鸡是最有名补品之一。准备土鸡、三七粉、三七花、盐、胡椒粉、葱、姜、鸡精等。将鸡切块用凉水浸泡，再用沸水焯透，捞出放入汽锅中，将泡鸡的水倒入锅中，加入盐、胡椒粉、鸡精稍煮再撇净沫，倒入汽锅中，放入葱段、姜片、三七花，坐锅点火倒水，放入汽锅蒸30～40分钟后捞出葱段、姜片，汤中加入三七粉即可。具有润五脏、补虚损的功效。

黄芪：中医认为"脾为后天之本"。脾胃派代表人物李杲认为黄芪"益元气而补三焦"，清代的黄宫绣称黄芪为"补气诸药之最"。现代研究发现，黄芪不仅能扩张冠状动脉，改善心肌供血，提高免疫功能，而且能够延缓细胞衰老的进程。但是孕妇不要长期大量使用。

用法：经常用黄芪煎汤，泡水当茶饮，与糯米煮粥喝，炖母鸡、煮黑豆、炖大豆，皆有良好的防病保健作用。或用黄芪50克，当归10克，取水煎服，做成当归补血汤，有补气生血的功效。

何首乌：宋代《开宝本草》称之"久服长筋骨，益精髓，延年不老"。

现代研究发现，何首乌能够促进神经细胞的生长，对神经衰弱及其他神经系统疾病有辅助治疗作用。并可调节血清胆固醇，降低血糖，提高肝细胞转化和代谢胆固醇的能力。何首乌还具有良好的抗氧化作用。

用法：首乌粉可以和大枣、冰糖煮粥，可以益肾抗老，养肝补血，适用于肝肾两虚，头晕耳鸣，头发早白，贫血，便秘等；首乌片可泡茶喝。不能与萝卜、蒜、葱、铁器共煮。泄泻便稀，腹胀者不要食用何首乌。

何首乌食疗方

将鸡蛋、何首乌放入锅内，加适量清水，一同煮至鸡蛋熟，然后把鸡蛋捞出，剥去外壳，再放入锅中煮15分钟，加少量白糖，再煮15分钟，加少量白糖，再煮片刻即成为甜味何首乌鸡蛋。吃蛋饮汤，能治未老先衰、血虚体弱、遗精多梦、头晕眼花、须发早白、脱发过多、白带过多、便秘等症。

灵芝：《神农本草经》认为，灵芝能"补肝气，安魂魄"，"久食，轻身不老，延年神仙"。现代研究证实，灵芝对神经系统、呼吸系统、心血管系统功能都有调节作用，具有调节免疫、清除自由基、平衡

代谢等功能，直接影响人体衰老进程。

用法：灵芝非常硬，不能生食，必须煎煮服用。炖肉：瘦肉300克，灵芝10克，清水3碗。有降血脂、降胆固醇、抗氧化的功效。炖鸡：鸡肉300克，灵芝10克，桂圆少许，清水3碗，用文火炖半小时后便可服用。能明显增强免疫能力。

泡茶：将灵芝切片3克放入茶杯，冲入开水，盖杯5分钟后饮用，可继续冲泡3～4次至无色无味为止，亦可与少量茶叶并用。明目补肝，祛痰活血，健胃。

泡酒：取30克灵芝洗净放入500毫升白酒中，密封至酒呈棕红色即可饮用，久服益寿延年。

煎水：灵芝10克加2碗水煮沸后改用文火熬煮1碗，过滤饮用，日服2次。有预防动脉硬化、便秘、糖尿病、高血压、脑血栓的功效。

蜂王浆：蜂制品中的珍品，含有丰富的营养成分，可促进蛋白质合成，促进细胞生长，增进机体的新陈代谢，增强组织再生能力。同时，因其含有丰富的超氧化物歧化酶及维生素C、维生素E，是不可多得的抗衰老良药。

用法：蜂王浆300～600毫克/日，用开水冲淡饮用；或用1%蜂王浆和蜂蜜配成王浆蜂蜜，按20克/日，开水冲淡饮用。具有滋补、强壮、益肝、健脾、抗衰老和美容等多种功能。

杏仁：杏仁有苦杏仁和甜杏仁之分，前者多被当成药物，后者多用于食品。杏仁在我国，不论是入药还是作为保健食品，都由来已久。杏仁营养丰富，酸甜适口，可制成杏干、杏脯等，食用十分方便。中医认为，杏仁味苦、微温，有小毒，入肺、大肠经，有止咳平喘，生津止渴，润肠通便之功效，《本草纲目》言"杏实，止渴，去冷热毒"。对等，有药到病除之效。

用法：主要吃法是做粥，与其他食物同煮。比如这样：准备杏仁粉、枸杞子、冬瓜仁各10克，薏苡仁20克，百合5克，莲子6克，大米100克。

将薏苡仁、莲子放碗内，加水适量置蒸锅蒸熟，再与百合、枸杞子、大米同煮粥，粥熟后调入冬瓜仁、杏仁粉，再煮片刻即可食用。有美肤祛皱，光泽皮肤之效。

百合：百合性寒，味微苦，滋补作用可与人参并立，对人体颇有补益。对于神经衰弱的患者有食疗作用，有些人精神差，经常心慌气短、心烦，百合可有宁心的功能。百合中含有一定的润肤成分，所以多吃百合的人皮肤不干燥，脸上皱纹少。百合柔滑，有润肠通便之功，有便秘的患者，常吃可不药而通，尤其是燥证，效果更佳。百合具有清肺的功能，故能治疗发热，咳嗽以及加强肺的呼吸功能。

用法：将薏苡仁、百合淘洗后用温水浸泡20分钟，再加足量水用大火煮开，小火煮至薏苡仁开花，汤稠即成。早晚空腹食用。可加适量糖或蜂蜜调味。本粥既有补益、润泽、养颜的美容效果，又可作为治疗影响容貌的扁平疣、痤疮、雀斑等的辅助药物。

银耳：银耳，俗称白木耳，菌体状似菊花，白色半透明，干燥后呈白色或米黄色，富有胶质，是珍贵的药品。银耳蛋白质中含有17种氨基酸和一些酸性异多糖、有机磷等化合物，对人体健康十分有益。银耳富含蛋白质、糖类、粗纤维、磷、铁、钾等，可增强机体新陈代谢，促进血液循环，改善组织器官功能。

用法：银耳一般做成炖煮食品，比如做冰糖银耳、燕窝银耳、银耳红枣粥等，冰糖银耳的做法是：准备银耳50克，樱桃30克，桂花、冰糖适量。先将冰糖溶化，加入银耳煮10分钟左右，再加入樱桃、桂花煮沸后即可食用。此羹有补气、养血、白嫩肌肤、美容养颜之功效。

木贼草：木贼草具有消炎、消毒和止血作用。木贼中含有鞣皮、有机酸、芳香油和维生素，针对粗大毛孔的油性皮肤有良好的作用。

用法：将1汤匙磨碎的野木贼和1汤匙金盏花，加上2杯水煮开制成混合液，涂搽头皮，可以去头屑。牛蒡根，干品磨碎放在植物油里（1匙油放1匙牛蒡根），浸泡2周，用以涂搽头皮，每周2次，治头发干燥。

以上只是中医较常用的一部分美容药物，另外还有山药、莲子、红枣等药，大都具有滋养、润滑皮肤，增强皮肤弹性等作用，可以做药用，也可以当食物。

小贴士：

中草药安全吗？

对于用中草药，人们还有一些认识上的误区，以为中草药就是绝对安全的，自己配制的中药化妆品就是可靠的，或者轻信某些不正规的美容机构自己调制的美容品。

中草药并非绝对安全可靠。中草药都具有一些药理作用，"是药三分毒"是不争的事实，引起过敏等不良反应是不能完全避免的。另外，中草药的化学成分复杂，有些成分和作用机制还不为人所知，不能达到绝对安全。所以，中草药美容产品并非绝对安全，例如，马齿苋、板蓝根、三七粉、白芨等，都会对一些过敏性体质的人造成伤害，如果你是属于过敏性皮肤，在选择中草药美容产品或治疗皮肤病时应格外谨慎。

"药"中自有颜如玉

每个人都希望自己是十全十美的，从身材到气质再到精神，时时都在为打造自己而努力，却总是对自己没有信心："怎么才能达到十全十美？"

在科技发展的时代没有什么是不可能的，中药养颜就是一条最好的途径。中药养颜是个漫长的过程，不坚持吃，效果就很难体现出来。早在远古时期，中药就是一些权贵养颜的选择。随着时代的变换，医学专家经过各种研究探讨发现，中药不仅可以调节内脏器官的功能，更是让肌肤焕发青春光彩的关键，让人们在拥有健康的同时，也让肌肤成为他人眼中的亮点。

中药是医学传统的传承，随着时代的进步，许多中药都被现代科学

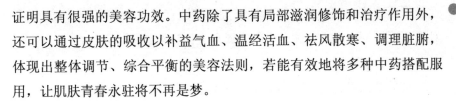

证明具有很强的美容功效。中药除了具有局部滋润修饰和治疗作用外，还可以通过皮肤的吸收以补益气血、温经活血、祛风散寒、调理脏腑，体现出整体调节、综合平衡的美容法则，若能有效地将多种中药搭配服用，让肌肤青春永驻将不再是梦。

※ 黄芪配当归

在医学研究中发现，人的面部经络是最为丰富的，血管、神经等大多都在面部聚集。人体充沛的气血会把脸部经络滋润得很好，使肌肤保持健康色泽；反之，则会使人的面部变得晦暗，缺乏红润色泽。如果经常易怒，血液流动就会不畅，血液中具有垃圾属性的物质就会在额部或是颧部等处淤积，久而久之就会形成人人称厌的黄褐斑。

去除黄褐斑的方法很简单，每天将生黄芪15克、当归5克，混于水中煮约30分钟后，将汤液倒出，再加适量水后煮30分钟，然后将两次汤液混合，在一日内饮服完即可。

尽管中药的药效并不明显，但若坚持服用，便会明显降低色斑和周围皮肤的对比度，同时还会使肤色增白，且光泽增加，气色和精神都会变好。时间久了，面部黄褐斑、面色无光泽，或者是时间比较长的痤疮与暗痕都能有效消除。这两种药物搭配服用的方法主要适用于颜面生黄褐斑，面色晦暗无泽，身体较为虚弱，容易出现乏力、疲倦等症状的人群。

※ 白芷配大黄

每个处于青春期的少男少女，常常会觉得身体里存有火气，倘若这种火气无处宣泄，青春期就会变成了被痘困扰的时期。另外，情绪急躁或爱吃辛辣食物的人，由于食用过多以辣为主的食物，致使体内火气过旺，从而淤积形成痤疮。对于爱面子的青春期少男少女来说，这是极其影响"面子"问题的。

成为青春期伙伴们眼中的亮点，拥有靓丽的肌肤是所有年轻人的梦想，而要远离痘痘与痤疮的影响，并让其永不再现，中药是最好的选择：每日将白芷6克、大黄2克，煎水服用，若大便不通畅可增加大黄用量。或是将白芷和大黄等份研成极细的粉，用生蜂蜜调成糊状，涂抹于痤疮表面。这样在内服外敷，双管齐下之后，就能有效改善面部状况，

摆脱颜面痤疮、肤色较暗、油性较大等肌肤症状带来的困扰。这种药方对于颜面部生痤疮、红肿、化脓，或是大便秘结者极为有效。

※ 白芨配玉竹

皮肤是人体的最外一层，它的变化直接反映着人体的健康状况。健康与养颜是一体的，人体内的水分能否有效存储，将直接影响着皮肤的状态。中医学认为，内脏和皮肤的关系最为密切，直接影响皮肤的干燥和皱纹程度。皮肤干燥、粗糙、无光泽，已成了困扰爱美人士的一大问题。

中药的合理搭配是改善这种状况的最佳选择：用适量玉竹加水煎煮。然后按一天饮用白开水的量进行服用，就能有效改善皮肤出现的状况。另外，将白芨加工成细粉，再用水调稀，将其涂于面部，就会使皮肤变得细嫩。两者同时使用，一个从内滋生水分滋润肌肤，一个锁住水分滋养肌肤，双管齐下的效果更为明显。对于风吹日晒较多，皮肤粗糙或是皱纹等与实际年龄偏差较大的女性来说，这两种药物是解决皮肤粗糙、皱纹增多问题的优先选择。医学专家提醒人们，需要注意的是，虽然极少有人对白芨产生过敏，但仍建议在正式使用前，先让局部皮肤试用一下。玉竹在服用后会使大便变得偏稀，这属于正常状况，停药后即可好转，所以人们在服用时大可放心。

※ 薏苡仁配藿香

对于油性肤质的人而言，面部油脂的分泌是最令人烦恼的问题。这种油脂的根源在于体内没有完全代谢掉的湿性垃圾产物，仅靠去油化妆品是很难将其彻底根除的。而人体内负责管理、运输和清除湿性物质的脏器就是脾，若脾功能较好，体内的湿就会在正常值的范围之内；若脾处于亏虚状态，就会使体内大量的湿性产物存留。从而使脸部出油，使身体长出赘肉，这些对于爱美的女性而言，都是极其令人苦恼的。

长期用中药进行调理是改善油性肤质的最佳选择：薏苡仁是传统中药的一种，具有去除体内垃圾、强壮脾胃的作用。最佳的做法是：先用60克薏苡仁，将其用水与米煎煮近1个小时，待米烂透前的15分钟，将3克藿香用纱布袋包好投于其中。煮好后去掉纱包，即可服用。它能有效解决面部油脂较多的问题，对于那些受面部油脂困扰、体态偏胖、用油

性皮肤适用的化妆品效果不明显的群体而言，是极好的选择。

※　地肤子配防风

这两种药物可以有效改善人体皮肤过敏的症状。过敏多是由于身体对入侵物质较为强烈的不适应而导致的，这种情况多在体质较差、过于敏感的人群身上出现。在中医看来，脸部如果出现过敏症状，一般情况下认为是受风邪导致。所以解决这种问题的治疗方法是去除体表风邪，同时强固体表，防止风邪再次入侵。而地肤子与防风就是最为常见的药物选择。

从中医学中的记载来看，地肤子对于由过敏导致的瘙痒以及风疹等症状的消退作用较为明显，可有效防止风邪入侵。由于地肤子比较细小，所以应用纱布包裹后煎煮。可选用地肤子15克，防风约6克，将其煎好后内服；也可将其研碎后外敷。这种方法对于皮肤经常出现风疹、瘙痒、风团、水肿等过敏症状的人群而言，是较为直接有效的。

小贴士：

养颜对于新时代的人们而言已经成为一种时尚。而中药养颜的效果在古时候已经有所建树。对于渴望健康而又渴望青春的人们而言，中药养颜也已经成为大势所趋。医学专家建议，中药可以养颜，但在使用时应听取专家意见，配合说明内服外敷，这样使用时才安全，才是养颜的有效保障。

中药面膜，白里透红

随着美容养颜面膜种类的更迭，在人们的日常生活中面膜已经成为美丽女人的养颜主题，让肌肤白里透红，健康而有光泽，也开始成为人

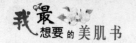

们养颜的主导。随着养颜面膜的推出，中药面膜也开始大量出现。对于注重健康的人们而言，中药面膜无疑是打开养颜之门的钥匙。

中药美白面膜

【单纯美白面膜】

主要成分：白芷、薏仁、绿豆等。

使用方法：首先应对面部进行清洁，选用已经加工好的配方里的中药美容面膜超微粉约35克，再加入约60毫升的清水（可根据肤质加入60毫升的牛奶），将其搅拌至糊状，均匀敷于脸上，30分钟后，将其用清水洗净，每隔一日使用一次效果更好，当然最好在晚上睡觉前使用。这种方法可以使肌肤变得细致，还具有收缩毛孔、亮白肌肤的效果。

【白芷】

将这种药物磨成粉状，加入清水或鲜奶将其调成糊状使用，不仅具有祛风止痒、润泽美白肌肤、通窍止痛的功效，它所含有的白芷素还具有明显的扩张动脉的作用，还能有效治疗面部黑斑。

【白茯苓】

这是较为常见的中药，将其磨成粉状，还可以与其他中药粉混合使用。将其加入清水或鲜奶中调成糊状后敷于脸部，不仅具有利水渗湿、补气健脾、宁心安神、生发润肤的作用，还可以改善食欲不振、小便不利、心悸失眠、肾虚脱发等症状。另外，对于美白润肤也有一定的疗效，任何肤质的人群都可以尝试。

【淮山药】

这是美白润肤的首选。方法是将山药磨成粉状或与其他中药粉混合后，加入适量清水或鲜乳调成糊状，敷于面部。这种药物不仅具有固肾益精、润肤驻颜的作用，对于脾虚腹泻、糖尿病、黄褐斑、肺虚咳嗽等症状也具有极好的疗效。对于任何肤质的人而言，这种药物都是护肤保养的首选。

【珍珠粉】

在使用前应对珍珠粉进行挑选，加入鲜奶后搅成糊状，每日一敷，即可达到润白、淡化黑斑的效果。另外，它含有20多种氨基酸和大量钙，若内服，对于治疗神经衰弱、失眠、白内障、美颜润肤等均有极好的疗效，对于收敛生肌、润肤祛斑也有极好的效果。中医学专家提醒人们在使用时应有所注意：珍珠粉有等级之分，在内服时应选较好的珍珠粉，若外敷则选用一般的即可。

【白附子】

将该药物磨成粉状后，可以与白芷和其他中药粉混合使用，加入适量清水或鲜奶调成糊状敷脸，可以有效地治疗黑斑、粉刺及其他面部皮肤病。另外。它与白芷混合使用，还具有祛风除赘、散寒化痰的作用，有防治面部皮肤病及引诸药到达面部发挥药效之动力。需要注意的是：白附子的刺激性较其他药物要强得多，所以一定要与其他中药粉混合使用。另外，皮肤敏感的人不宜使用这种方法。

中药祛斑面膜

【当归】

这是人们普遍认知的药物，它不仅具有活血、补血、调经的作用，还具有补血养血、润肤除斑的作用。在内服外敷方面也有所建树，内服时可以治疗贫血体虚、血虚头痛、黄褐斑、老人斑等症状；外敷时则对改善肤质、祛斑除皱有很好的效果。两种方法结合使用，可以促进皮肤的新陈代谢，使皮肤变得细嫩而有光泽。对于任何肤质的群体都适用。在使用时也应注意：当归具有活血的作用，敷脸时会有较轻微的刺激，所以专家提醒敏感性皮肤的人要慎用。

【丹参】

丹参在医学记载中具有活血化淤、消炎排脓的作用，多用于外敷方面，不仅可以有效改善黑斑、活血化淤、排脓、平痤疮及皮肤暗沉的现象，对青春痘、疤痕组织的消除也很有作用。另外，丹参对于宁心安神、淤血、黄褐斑等具有很好的效果。在外敷时应注意要与其他中药粉混合使用，因为其具有轻微刺激性，所以敏感性皮肤的人应慎用。

【桃仁】

桃仁是大众普遍喜爱的食品，在医学中也较为常用。它不仅具有活血化淤、润肤去皱、收敛毛孔的养颜作用，对于改善皮肤干裂、皱纹、黄褐斑、皮肤瘙痒、酒糟鼻等现象也有很好的效果。另外，它还具有润肠通便的作用，多用于跌打损伤、面部黑斑等。要注意的是，由于它具有轻微的刺激性，所以敏感性皮肤的女性在使用时应谨慎。

【川芎】

这是改善发质的最佳选择，它不仅可以活血化淤、乌发丰肌，对于消除黑斑也有很好的效果。另外，它还具有祛风燥湿、活血化淤、行气止痛的作用。敏感性皮肤的人在使用时应谨慎。

中药除皱抗老面膜

【白芨】

美容效果：能有效淡化斑痕、靓白肌肤、紧缩毛孔、去除皱纹，对于去除黄褐斑、青春痘、面疱、面部细纹等面部问题有明显的疗效。与其他药物相同，可以用白芨粉和其他中药混合后，加水调成糊状，均匀涂于面部。

功效：具有收敛止血、消肿生肌的功能。内服则可以有效治疗胃溃疡出血、便血、吐血、外伤出血等症状。

【胎盘】

美容效果：对于去除皱纹、柔嫩肌肤、延缓衰老、抗过敏有明显的效果，可以说是一种美容圣品。将其磨成粉状装入胶囊，坚持每日服用2～3粒，久而久之就可以使皮肤嫩白细致。也可以将胎盘粉加鲜乳调和后涂于面部，使皮肤细致柔滑。两者若能长期同时使用，则效果更好。

功效：胎盘中含有多种丰富的人体激素，如雌性激素等，具有补气养血、益精丰乳等功能；另外，它含有的免疫蛋白、氨基酸等有较强的滋补强壮作用，能促进乳腺、女性生殖器、卵巢的发育，提高人体的免疫力，增强抵抗力，改善更年期症状。需要注意的是，它的价位较高，由于内服时气味较大，所以装入胶囊中，否则很难下咽。

【人参】

美容效果：将其磨成粉，用鲜奶或蜂蜜调成糊状后均匀涂于面部，对于滋润肌肤、紧实除皱有很好的效果。它也是美容护肤的圣品。

功效：人参具有大补元气、补肺益脾、生津安神的功能。由于人参的种类繁多，品种不同、部位不同，作用效果相差较大。若用于内服，要选好人参；若是外用，则可选用普通的，或参须即可。由于人参具有偏热性，所以有青春痘、皮肤炎、面疱、皮肤过敏等症状的人不宜使用。

【蛋清】

美容效果：将其作为中药均匀涂于面部后具有紧致肌肤、除纹祛斑、消炎止痛、防止化脓的作用。多适用于出现皱纹、黑斑、暗沉之类的皮肤。

功效：蛋清具有清热解毒、滋养补虚的功效。它含有丰富的卵蛋白、卵黏蛋白、甘露糖、多种氨基酸、多种矿物质，对人体有补益滋养的作用。由于蛋清的刺激性较轻微，所以敷脸时间不宜过长，而敏感性皮肤最好不要使用。

小贴士：

　　中药面膜虽然对大多数皮肤没有刺激作用，但在使用时也应注意一些小窍门：在使用石膏状面膜或中药面膜之前，应在面部涂上适当的营养霜或治疗性霜膏，使面膜干燥后易于揭除，同时可增加美容效果。在涂面膜时应将其均匀地涂于面部及颈项的暴露部位，以免使颈项颜色和面部颜色不一致。对于治疗类的面膜，每周做1～2次即可。涂面膜时，要尽量使精神放松，面部肌肉要呈自然松弛状，静卧20～30分钟后，再用温水将其洗去。

药浴养颜，洗出美丽

　　随着人们生活水平的改善，养颜保健已成为人们日常消费的一部分，而通过洗药浴洗出美丽与健康更成为大众的选择。药浴就是用药物洗澡，其中包括直接用药水浸泡洗澡和用煮药物之热气熏蒸。这是一种古老又体现中医特色的强身治病与美容的方法。药浴主要是借助浴水对身体产生局部的刺激作用和药力作用，使人的身体腠理疏通、气血通畅，从而达到美颜悦色的目的，所以它日渐成为爱美人士的选择。

　　现代医学研究认为，面部皮肤老化主要是由角质细胞、真皮、皮下组织缺水而引起的，因此才会出现角化、脱皮、皱纹等现象。而中医的药浴疗法选用人参、当归、白芷、川芎、细辛等具有美容作用的中药，在洗浴过程中，既可以治疗面部损容性疾病，还可以补充皮肤的水分，利用汗腺和皮脂腺的分泌清除已死亡的表皮细胞，从而改善头面部血液循环，增强皮肤的弹性，使皮肤细腻光滑。但经常去药浴店，估计对于大多数人而言都是一种高消费，所以掌握一些较为简单的药浴方法，你就可以在家里轻松地进行药浴养颜了。

常用的美容药浴方剂
（1）**中药养颜药浴。**

【白芷木香药浴方】

成分：主要包括白芷、木香、桃皮等药物，均为等份。

功效：具有熏香身体、祛风行气、通经活络等多重功效。

方法：将其煎煮后即可进行洗浴。

适应人群：任何皮肤病患者均适用。

【五枝药浴汤】

成分：主要包括槐枝、桃枝、柳枝、桑枝等，均为等份，麻叶需250克。

功效：具有调养血脉、疏导风气的功效。

方法：将其煎煮后取出药物，其汤汁即可进行洗浴。

适应人群：对于皮肤瘙痒、皮疹等患者具有明显疗效，夏季使用效果更好。

【枸杞枝叶汤】

取适量的枸杞枝与叶加入清水，熬煮后用来洗澡，具有清神静气的疗效，可使肌肤变得光泽、健康。

洗澡时，可将适量橘皮放入浴缸中，不仅可以消除疲劳、提气凝神，对美肤养颜也有很好的效果。

【香醋浴】

泡澡时可在水中加入约500克香醋，这样不仅可以使皮肤变得光滑、洁白细腻，对于延缓衰老的效果也较为明显。

（2）**药浴养颜皮肤好。**

【花浴】

取桃花、杏花各500克浸于水中，7天之后将其取出，加入温水即可洗浴，对于美白肌肤有很好的效果。

【啤酒浴】

取适量月见草加入清水煎煮后取出汤汁，与一瓶啤酒一起倒入温水中洗浴，对于润肤养颜具有很好的疗效。

【柠檬浴】

取适量柠檬片与柠檬皮放入浴水中洗浴，可以使皮肤变得柔滑细嫩。因其香味怡人，会让人在洗浴时感到馨香，消除一天的疲劳和紧张，尤其在夏季洗浴效果更好。

【美颜药浴】

成分：菊花10克、红花30克、当归10克、玫瑰花30克，另外备棉布袋一个。

方法：将所有材料放入棉布袋中加入清水煎煮，将汁液倒入浴缸中泡浸，不仅具有减肥效果，对于面色苍白、月经不调的女性也有很好的作用。

药浴养颜的注意事项

随着人们对药浴养颜的重视，那些融洗浴和按摩于一体的洗浴中心也成了人们经常光顾的地方，其推出的养颜保健药浴、中药熏蒸等无疑是保健消费领域一道亮丽的风景线。专家指出，药浴并不是对每一个人都适宜的，它既是一种保健方法，也是一种治疗手段。所以洗药浴时一定要有针对性，而且有些中药还具有一定的毒性，在泡药浴和高温熏蒸过程中，皮肤腠理完全开泄，一旦剂量掌握不好，很容易通过皮肤引起急性中毒，所以在洗药浴时一定要有所注意。

掌握辩证施浴的原则

洗药浴时应根据自身的状况选择不同的药浴方法和方剂。身患疾病但病变范围较小者，可采取局部洗浴；而病变范围较大者，可采取全身洗浴。同样也可根据上病下取的方法，如高血压病的头痛、头晕等，可药浴双足。而血淤者，则可选用活血化淤的浴洗方剂；寒凝者，则可采用温通散寒的方剂。遵循此原则你才能放心入浴。

掌握温度适宜的原则

药浴时请注意浴液温度不可过热，以免被浴水烫伤，尤其是老年人，或是因疾病而导致对温热刺激感觉迟钝者，应特别加以注意。但药液温度也不可过凉，尤其是在洗药浴的过程中。要时刻注意保持浴液的温度。洗浴后要注意将身上的浴液及汗液擦干，穿好衣服小憩片刻之后再外出，以避免感受风寒、发生感冒等疾病。

药浴注意事项

注意不可在饥饿、过度疲劳、饱食的情况下进行药浴。对于正处于月经期的女性而言，最好不要坐浴；若在药浴过程中有头晕等不适感，应及时停止药浴，卧床休息。身患重症心脏病、高血压病等疾病的患者，要特别注意选择适合自己的药浴方法，以防意外。对于身上有开放性创口、感染性病灶、年龄过大或体质特别虚弱的人而言，应尽量避免药浴和熏蒸药浴，以防发生病变。

知心小贴士：

一般洗浴洗去的是满身的尘垢与疲惫，而药浴洗去的则是一身疾病。经常进行药浴能有效调节身体各机能的协作，让药物在身体内部对各器官进行养颜，使体内新陈代谢更为顺畅，从而使得与面部相连的各器官顺畅合作，让肌肤呈现出健康光泽。

药酒，中医养颜的法宝

药酒，这是传统而又独特的中医养颜方法，它自远古时期产生，至今已延绵了数千年之久，虽经历了漫长的岁月，但如今仍被人们普遍接受。随着中医药事业的飞速发展，药酒也在不断更迭。在远古时期，古代医学中认为酒除了作为饮用品之外，其最大的作用就是可以用来治疗疾病，所以在古代，多数医生在看病时常用酒来治疗疾病。药酒属于配制酒，是经过中药浸泡的酒，它是酒与中草药的有机结合，经过一定的加工后制成的透明液体。酒本身就具有美容的作用，中药当然也具有养颜的作用，将两者合为一体，针对一些腑脏给予一定的药物调节，就可以轻松疏通气血；气血活了，自然脸色就好了。

常见养颜药酒主要有：

【酸枣仁酒】

材料：酸枣仁、黄芪、茯苓、五加皮各30克，天门冬、防风、独活、肉桂各20克，干葡萄、牛膝各50克，火麻仁100克，羚羊角屑6克。

制法：将所备中药混在一起捣碎后，置放于干净容器内，再用1.5千克的醇酒浸泡，密封7天后即可去渣饮用。

用法：最好在饭前加热饮用，每日早晚各1次即可。

功效：该药酒对于皮肤粗糙、心神不宁的女性极其有效，尤其能起到滋润肌肤、滋养五脏的功效。

【养颜酒】

材料：石菖蒲、白术、白茯苓、生黄精、甘菊花、天门冬、生地黄等各50克，人参、肉桂、牛膝各30克。

制法：将所备中药混合捣成细末，再用纱布将其包裹贮存，置于干净器皿内，再用约1.5千克的醇酒浸泡7日后开取，去渣备用。

用法：每次空腹时温饮1小盅，早晚各1次。

效果：该药酒对于形容憔悴、身倦乏力的女性极其有效，并有润肌肤、壮力气的功效。

【红颜酒】

材料：核桃肉、小红枣、白蜜各120克，甜杏仁30克，酥油50克，白酒2千克。

制法：（1）将所准备的核桃肉、红枣、杏仁等拍碎，放于酒坛中。

（2）将所备的酥油放入锅中加热，再加入蜂蜜，待其溶化后，沸煮3～5分钟，然后趁热过滤1遍，将其倒入酒坛内。

（3）将所备白酒全部倒入酒坛内，将酒坛加盖密封，每日摇动数下，浸泡14天后即可开封饮用。

用法：每日清晨饮服15～20毫升，每日1次即可。

功效：主要用于调补气血、润肠通便，同时还具有补肾益气、健脾和胃、润肺利肠、泽肌肤、润容颜的功效。

【去老酒】

材料：甘菊花、麦冬、枸杞子、白术、石菖蒲、远志、熟地等中药各60克，白茯苓70克。人参30克，肉桂25克，何首乌50克。

制法：将所备中药混在一起捣成粗末，再倒入2千克醇酒后封口浸泡，7日后即可开取饮用。

用法：每日饭前温饮一小杯即可。

功效：该药酒对于精血不足、容颜无华者极其有益，具有充精髓、泽肌肤的功效。

【固本回颜酒】

材料：生地、熟地、天冬、麦冬、茯苓等各75克，白参35克，白酒2.5千克。

制法：将所备中药磨碎后放置于酒坛中，再倒入所备白酒，密封浸泡10天后将之入锅煎煮1小时，当酒变为黑色时，过滤去渣后即可装瓶备用。

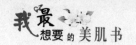

用法：每日应饮2～3次，每次1杯即可。

功效：主要功能是滋阴益气。适用于虚弱、劳疾患者，还具有美容颜、乌须发的作用。

【地黄天冬酒】

材料：生地约500克，生姜150克，天门冬250克，米酒2.5千克。

制法：先将生地清洗干净，将生姜、天门冬去皮；再将这三种药物切碎，捣成泥状，置于酒坛中；然后加入所备米酒，将酒坛密封；最后将酒坛置于锅中隔水煮1～2小时，再浸泡5天即可饮用。

用法：每日温服50～60毫升，可分多次服用。

功效：具有补肾、延年益寿、美容养颜的功效。

【白术酒】

材料：白术约180克，糯米约2.5千克，酒适量。

制法：将所备白术洗干净后轧碎，加入1000毫升清水进行煎煮，再滤渣取汁，待药汁冷后置数宿。另外，将所备糯米进行蒸煮，待熟透后，将其摊凉，再以药汁拌匀，装入酒坛中，置于温暖处让其发酵7日，再将其压榨去渣，过滤后即可装瓶备用。

用法：随意饮服。

功效：不仅具有益气养血、生发固齿的功效，还可光泽肌肤、除病延年。

【养颜润肠酒】

材料：核桃肉、小红枣各120克，杏仁30克，蜂蜜100克，酥油60克，上等烧酒1000～2000毫升。

制法：先将杏仁用清水浸泡后去皮尖，然后用沸水煮四五次后，将其取出晾干。再将红枣、核桃肉同杏仁一起捣碎，并倒入盛酒的容器中。之后再将酥油与蜂蜜加热溶解，兑入酒中搅匀，然后再将其倒入盛酒的容器中，加盖密封，浸泡7日以上即可饮用。

用法：应在空腹时饮用，每次约50毫升，每天2次即可。

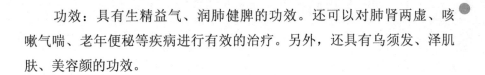

功效：具有生精益气、润肺健脾的功效。还可以对肺肾两虚、咳嗽气喘、老年便秘等疾病进行有效的治疗。另外，还具有乌须发、泽肌肤、美容颜的功效。

【补血乌须酒】

材料：淮山药、生姜汁各120克，当归、枸杞子各60克，小红枣、核桃肉、莲子肉、蜂蜜各90克，生、熟何首乌各500克，麦门冬30克，酒曲适量，糯米5千克。

制法：先将何首乌用水煎煮，然后用其药汁煎煮生地，直至水渐干；再加入生姜汁，以文火慢煮至水尽；将煮熟的生地捣烂。同时，糯米应在煮得半熟时加酒曲酿酒，直至有酒浆时，将先前捣烂的生地均匀调入酒糟中，4天后即可压去糟渣，取酒液。再将何首乌等其他各药切碎，装入纱布袋内，置于酒中浸泡。将酒器密封，再隔水加热蒸煮1.5小时，取出放置阴凉处，5天后即可服用。

用法：每日饮用2～3次，每次1小杯即可。

功效：主要适用于由于精血不足而导致的腰酸腿软、须发早白、面色萎黄、大便干结等女性患者。具有补肝肾、益精血、乌须发的功效。

知心小贴士：

药酒在泡制的过程中，由于药物与酒本身的气味很大，所以在饮用时应注重它的效能，而不是注重味道。但由于每天都是持续饮用，所以浸泡时应注意使其能变得美味些。最简单的方法就是在泡制的过程中放入甘味料，如冰糖、蜂蜜等，不过最好选择可配合药材的甘味料。人们都知道持续饮酒对身体不好，由于药酒中也含有酒精成分，所以也应适量饮用，这样才能产生较好的效果。一般的标准是，每日喝40～100毫升，而且应分2～3次饮用，在饭前或两餐之间饮用最好。

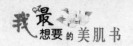

❀ 龙胆草美容秘籍——高原上的美白贵族

龙胆草的由来有一个美丽的传说。

天上的神龙由于忍受不了天宫的寂寞而私下凡间。神龙幻化成白衣秀士与一美貌女子相恋。但是，此事被玉帝得知，玉帝震怒，命雷神捉拿神龙。神龙被捉上天庭受审。女子因思念神龙而日益憔悴，面黄肌瘦，眼见要活不下去了。

神龙怜爱女子的痴情，剖开自己的肚子，取出龙胆抛于地下，生出龙胆草。神龙因此而毙命。

女子得到龙胆草，食后恢复了健康，容貌丰润起来，昔日的美丽又重现了。可是当她得知她吃的是神龙的龙胆之后，也抑郁而终。

龙胆草在很早的药材书籍上就有记载。龙胆草是极品中药美容药材，具有舒缓、镇静及滋润肌肤的功效，无论是内服或外用，都是珍贵的美容极品。据说，这种有着奇特名字的珍贵植物要经过5～10年才能成熟。因其具有高耐受性，可抵抗各种恶劣环境，经精细提取后的龙胆草萃取液被用于护肤品中，使肌肤抵抗力自然增强，同时兼具美白与保湿的功效。

知心小贴士：

我们可以做一个天然龙胆草敷面霜——准备龙胆草、面粉、橄榄油，将龙胆草磨成粉末，与面粉和橄榄油调和成糊状，使用时，将此面膜涂在面部，10分钟后用温水洗去。不仅可舒缓镇静肌肤，还能增强肌肤的抵抗力。

火棘美容秘籍——美白肌肤的新元素

传说古时候诸葛亮领兵打仗，一次军队被困山中，处于孤立无援、弹尽粮绝的境地。后来有士兵发现山野间有一片片低矮植物——火棘，上结一簇簇红彤彤的圆果，经尝试，无毒，可供果腹，于是大量采集供食用，终使军队渡过艰危、转败为胜，事后将它称为救军粮。一些士兵将火棘带回自己的家中种植，发现火棘果实竟然有美容的效果——他们的妻子服用后，皮肤变得细腻、柔滑起来。于是火棘成为美容圣品。

用现代科学技术手段对火棘进行分析，其果实含有淀粉、蛋白质、维生素C等营养成分。至今有些地方的老乡们仍喜欢在其果实成熟时，采收来酿酒，或舂烂掺在面料中做糕点，味道很好。

传说古代美女杨贵妃为了拥有一身柔白胜雪的肌肤，曾经致力于探索各种药材的功效，相传她就是依靠火棘来维持肌肤的白皙美丽的。具有美白奇效的"火棘"是一种蔷薇科植物，又称"赤阳子"或"火辣子"，主要生长在中国大陆西北部高原地区。经过临床实验证明，火棘具有美白功效，可以抑制"组胺"刺激色素母细胞产生过多黑色素，具有淡化麦拉宁色素和保湿的神奇功效。

沙棘美容秘籍——奇妙的美容圣药

八百年前，一代天骄成吉思汗的铁骑横扫欧亚大陆，为了提高大军的远征实力，只得将一批连年征战、体弱多病的战马弃于沙棘林中。待他们凯旋，再经过那片沙棘林时，发现被遗弃的战马不但没有死，反而都恢复了往日的神威，见主人们归来更是呼啸而起，奋蹄长嘶。将士们没想到小小的沙棘竟有如此神奇的作用，便立即向成吉思汗禀报此事，成吉思汗得知后下令全军将士采摘大量的沙棘果随军携带。果然，经常食用沙棘，将士们比以前更加体力充沛，精神抖擞，与敌作战如虎添

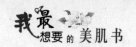
翼。后来，御医们还用沙棘为蒙古皇帝调制出了强身治病的蒙药。成吉思汗长年征战在外，平日就靠沙棘强身健体，抵御疾病。元世祖忽必烈到80多岁时还能骑马射箭，也与服用沙棘蒙药有关。蒙古贵族的妇女们更是以沙棘作为美容护肤的圣品，几乎每餐都要食用沙棘——沙棘使这些蒙古妇女在草原干旱的环境里仍然能够保持靓丽、如水的肌肤。

现代医学研究表明：人体衰老及许多疾病与体内某些物质的过氧化作用有关。因此防止过氧化及清除体内过氧化产生的羟自由基及活性氧自由基成为抗衰老的关键。沙棘中的总黄酮有直接捕获氧自由基和羟自由基的作用。维生素E、维生素C、超氧化物歧化酶（SOD）能抗氧化、清除体内的自由基，同时又能增强免疫功能，调节免疫活性细胞，有利于提高人体抗病能力、延缓人体衰老。沙棘富含的多种生物营养成分对护理皮肤、防皱抗衰也有很好的作用。

❀ 何首乌美容秘籍——养生美容奇药

唐朝散文家、哲学家李翱（772～841年）在《何首乌传》中记载有一个叫清逸的尼姑，平素喜好养生术，元和七年（812年）农历三月十八日去茅山朝拜，在华阳洞口遇到 位老人，老人看到清逸有些仙人的模样和风度，就在此传授给清逸长寿美容秘方。随后引出了一个何首乌的故事。

有一个叫何首乌的人，祖籍顺州南河县。其祖父叫能嗣，原名叫田儿。田儿喜爱喝酒，五十八岁了还没娶妻。有一日他在外边饮酒到半夜，酒后回家，醉倒在荒郊野外。酒醒后，在明亮的月光下，突然瞅见在他身边有两根草藤，虽然相离三尺多远，可是它们的藤茎自动相互交合，待了很久又自行分开，这样又分又合有三四次。田儿看到后心里觉得十分奇怪，于是把这根藤挖掘了一根，拿回家把藤和根研成粉末泡成酒，喝了七天，忽然产生想和女人在一起的欲念，于是娶了一个寡妇曹氏。

田儿于是改名何能嗣，后来他活到了160岁，有儿女19人。他的儿子字庭名延秀，也服夜交藤活到一百余岁，并有儿子30人。延秀的儿子首乌也经常服夜交藤，活到130岁，有儿女21人。而且田儿直到去世依然头发黑亮，容貌犹如青年一般。

首乌补益肝肾、益精血、壮筋骨、能让人保持青春容颜。著名的美容抗衰老方剂"首乌延寿丸"、"七宝美髯丸"就是以首乌为主药制成的。用首乌可改善老年人的衰老征象，如白发、落齿、老年斑等，能促进人体免疫力的提高，抑制让人衰老的"脂褐素"在身体器官内的沉积。首乌还能扩张心脏的冠状动脉，降血脂，促进红细胞的生成，对冠心病、高脂血症、老年性贫血、大脑衰退、早衰征象等，都有预防效果。

《积德堂经验方》七宝美髯丹的主药就是何首乌，此方是明代龙虎山清宫道士邵应节献给嘉靖皇帝的秘方，具有"乌须发，壮筋骨，固精气，续嗣延年，久服极验"的功效。宋代《和剂局方》还有一种成药叫延寿丹，为历代公认的食疗方，方中用何首乌3份加牛膝、黑大豆各1份，研制成丸，久服可延年益寿，须发皆黑。《御药院方》中何首乌丸是以一斤何首乌加半斤牛膝研粉炼蜜为丸，具有黑须发，坚固牙齿，久服延年益寿，驻颜色的美容作用。古代民间流传下来的何首乌粥，对肝肾亏虚、须发早白、血虚面黄等症也有显效。因为古人认为吃何首乌能长生不老，久服成仙，所以又称其为仙人粥，此粥先以粳米、红枣煮粥，粥将成时兑入煎煮的何首乌浓缩汁，加红糖适量而成。不过需要注意的是，不论哪种吃法，若取补益及美容作用，一定要用制过的首乌，忌食用生首乌，因为生首乌不具补益及美容作用，只能用于通便解毒。

知心小贴士：

我们可以做一道何首乌炖山鸡：何首乌用清水洗净、放入铝锅内煮两次，共收药液20毫升。山鸡去毛，剖腹去内脏，洗净去骨，切成丁。

冬笋和青椒切成丁。鸡蛋去黄留清。蛋清加入豆粉，调成蛋清豆粉糊，用一半入少许精盐将山鸡丁浆好，另一半同料酒、酱油、味精、首乌汁兑成液汁待用。净锅置火上，注入菜油，烧至六成热时下鸡丁过油滑熟，随即捞入勺内待用。锅留底油，加入鸡丁、冬笋、青椒，倒入液汁勾芡，起锅装盘即成。

第九章

留意那些美肌杀手

　　靓丽的肌肤不仅仅只有养护那么简单，还要留意那些肌肤的大敌，巧妙护理，完美规避，使肌肤永远那么丰润靓丽。女性朋友们要在生活的点点滴滴中，发现完美肌肤的敌人，消灭它们。

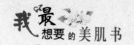

❀ 冷气房，恶名昭著的美肌杀手

天气越来越炎热，空气里满是烦躁不安的因子，而成天守在空调冷气房中的你，也有一大堆的肌肤问题等着解决。

冷气房，虽然逼退了高温，让肌肤不再那么黏腻，但是也会让你的肌肤变得干燥紧绷。可以说，冷气房正是恶名昭著的美肌杀手，是肌肤的干燥地狱。

夏天吹冷气是一大享受，但是吹久了，对肌肤是一种负担！究竟冷气房的温湿度怎么调控最好？皮肤科医师建议熟记冷气房的3大揭秘数字，恰到好处的温湿度，让冷气房也能变身"美肌沙龙"！

忽冷忽热，肌肤也会"中暑"

夏天高温随便都会飙过35℃，而凉爽的冷气房往往低于25℃，温差至少超过10℃！满头大汗地进入了冷气房，最容易发生血管急速收缩，造成头痛，相反，如果离开冷气房外出，由冷转热，身体容易来不及反应而"中暑"！

同时，长期间地待在冷气房，对肌肤也不是一件好事！容易使皮脂腺活性下降，也就是说肌肤分泌的皮脂会变少，无法锁水，肌肤就会变得干巴巴的！

医师建议，室内外温差5℃左右是肌肤能自我调节皮脂分泌的范围，也能预防忽冷忽然的"类三温暖"现象，造成身体和肌肤失调。

温度大于等于26℃，省电又凉爽，肌肤不脱水。

温度每降1℃，肌肤会减少10%皮脂分泌量，保湿力直线下降！

所以、冷气吹太冷不只"缺油"，还会脱水，肌肤水分会慢慢地被空气抓走、蒸散，影响肌肤的饱水度与弹性。想兼顾凉爽，又不要散失过多水分，医师异口同声地说：26℃是冷房最适温度，如果你本身不太怕热，甚至可设定更省电的28℃。湿度50%～60%，调节冷气湿度，打造清爽空间。

有没有发觉在国外时肌肤格外干爽，这是因为湿度低的关系。台湾夏天的室外湿度约70%～80%，比起肌肤觉得最舒适的湿度50%～60%高上一大截，难怪动不动就觉得身体黏腻腻！开冷气能降低空气湿度，但时间久了，湿度过低，连喉咙都觉得干干的，建议设定在50%左右，会使人感觉格外舒爽！

知心小贴士：

温度每降低5℃、空气含水量（湿度）减少20%。所以冷气不必开得太强，比室外低5℃，让湿度降到50%，就很舒适了。

警惕化妆品皮炎

26岁的金兰就爱好尝试各类面膜，超市里新上架的面膜都会被她网罗到家里。可是，最近她却被自己的爱好"伤"到了。

"那款晒后修复面膜一敷上脸就感觉火辣辣的，我以为是自己脸上严重缺水引起的一般反应，但后来疼得受不了了，揭下去一看，方才疼的部位都肿了，幸而第二天就复原了"。金兰以为是面膜有问题，后来

发现也有人在用这款面膜，而且听说效果还不错。金兰心中不免一阵纳闷："难道问题出在自己的脸上？"

"化妆品皮炎是指应用化妆品后导致的皮肤或黏膜的急慢性炎症反应。依化妆品成分不同及使用者个体差异等多种因素，所引起的临床表现也多种多样。"

引起皮炎反应的不仅仅是粉底霜、油彩等彩妆用品，包括日常护理皮肤用的润肤、增白、防晒、祛斑产品和口红等，甚至有些人在洗、染、烫发时也能够出现皮炎反应。

"有两种情形会引起化装品皮炎，一种是化装品自身存在的问题，特别是一些劣质化装品的铅、汞等含量超标，引起致敏或者皮炎；另一种是化装品自身没有问题，但却不适用个别使用者。"

专家倡议，使用化妆品，最好购买正规厂家生产的产品，如果使用化妆品后出现炽热或者瘙痒感，应当立刻停用。

如何使用化妆品？美容师提了很多倡议，但是，皮肤科的医生更有发言权。以下就是皮肤科医生给爱美女性提出的建议。

（1）试用：在使用化妆品前，为了避免引起反应，最好先做皮肤测试，取适量化妆品涂于前臂内侧皮肤，不要超过1厘米×1厘米，上面覆玻璃纸，然后用胶布或者绷带活动，察看24小时，如果皮肤出现红肿、水疱等反应，应当立即停用此化妆品。

（2）正确选用化妆品，根据自身皮肤情形，并考虑时节、个人耐受性等因素选择适合自己的化妆品，同时要看产品是否标注生产厂家，出厂日期等。另外不要随意和人共用化妆品，以免出现交叉感染的现象。

（3）当面部有湿疹、皮炎、痤疮或者其他皮肤病时应主动到医院医治，最好不要再使用化妆品了，使皮肤病减轻，以免引起不良反应。

防治紫外线的伤害

当紫外线照射肌肤时，皮肤中的"氧"会变得十分活泼，并转变成伤害皮肤的物质——活性氧。此活性氧会过度氧化细胞间脂质，并与不饱和脂肪酸结合，形成过氧化脂质。而细胞间脂质会再度影响其他脂肪酸的稳定性，导致过氧化脂质不断产生，好似一场永无止境的恶性循环。过氧化脂质这类棘手物质，不但会破坏细胞膜，而且具有使蛋白质及酵素产生变化的特性，简直可以说是皮肤老化的一大元凶，此种物质会因紫外线的照射而不断地增加。

既然紫外线这么可怕，是美丽肌肤的大杀手，那爱美的女性朋友们可要开始防晒全攻略啦。

任何事情与其亡羊补牢不如未雨绸缪，采取适当的方法预防皮肤变黑生斑，会取得事半功倍的效果。特别是25岁以后，个体新陈代谢减慢，皮肤开始走下坡路，这时紫外线等外界因素对皮肤的伤害是不可逆的，很难通过自身修复以求恢复原状。要取得理想的防晒美白效果，主要要做好以下几点：

1. 避免暴晒。尽量避开阳光最强烈的上午10点至下午3点，以及海边、沙滩、山顶等处。

2. 随身携带防紫外线伞、帽子、太阳镜，穿着棉麻制长袖衣服。但这些只能阻挡一部分紫外线，而且遮阳伞、太阳帽无法阻挡来自地面反射的紫外线。

3. 正确使用防晒霜。很多人觉得使用防晒霜并没有什么效果，这主要是使用方法不得当，正确使用防晒霜要注意做到以下几点：

（1）根据所处场合选择具有不同SPF值的防晒霜。所选用防晒霜不仅要有防中波紫外线UVB（晒黑晒伤皮肤）功能，也要有防长波紫外线UVA（使皮肤衰老长皱纹）的功能。

防晒值越高，对皮肤的负担越大，越容易引起皮肤过敏。所以选用防晒霜，并不是防晒系数越大越好。并且最好在回到家中后，将防晒霜及时清洗。

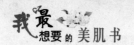

日常生活可选用SPF值在10～15之间，SP+的防晒霜，逛街购物可选用SPF值在15～20之间，SP++的防晒霜，旅游可选用SPF值在20～30之间，SP+++的防晒霜，游泳、日光浴需选用SPF值在30以上的防晒霜（防水型），并且2～3小时补用一次，若进行水下活动，则需80分钟补用一次。

（2）紫外线对皮肤的伤害即使在冬天，在室内，在阴天都会存在，在阴天或者树荫下，紫外线强度只会减少大约30%。所以防晒霜的使用要四季坚持，风雨无阻。

（3）防晒霜需要一定时间才能被吸收并发挥作用，所以应在出门前20～30分钟涂抹。

（4）SPF值不可累加，并且不能在上彩妆前使用，在补用防晒霜时，需先卸妆后再涂抹。

（5）防晒霜使用需达到一定厚度才有效果。太薄达不到应有的效果，太厚又会给皮肤造成负担，一般涂抹量为每平方厘米2毫克，一双手臂一次应涂抹2～2.5克，面部一次应该涂抹1～1.5克。

4.阳光的伤害具有累积性。成年人的黑色素大多起因于儿时所受的暴晒。美白抗斑防晒要从儿童做起，永不嫌早。6个月的婴儿不能进行海滨浴，7岁前幼儿要穿上T恤衫，涂抹儿童防晒霜，18岁以前是防晒的关键。

5.及时进行晒后修复。晒黑是一种烫伤状态，对于已经暴晒过的皮肤，要及时作晒后修复。可用冷水或冰水冷敷，或用超声波冷喷20分钟，以降低黑色素与自由基的活性，并补充水分，最大限度地减轻紫外线的伤害。也可使用含芦荟、薄荷等成分的晒后修复产品进行修复。

紫外线既然这么可怕，防晒就显得尤为重要，相信每一个爱美的女性朋友都不会忽视。要在紫外线还没有对我们形成伤害时，把紫外线杀死在摇篮里，保护我们的肌肤。

一天到晚面对着电脑

现在的工作都离不开电脑，有许多女性朋友在电脑前一坐就是一天，脖子咔咔作响，手腕酸痛。最重要的是，皮肤日渐干燥、暗黄，昔日俏丽的容颜更是无影无踪，这在爱美的女性朋友心里是个永远的痛。

其实，这个问题还是可以解决的。

（1）面部防护。

上网虽不致如临大敌，但对厉害的电磁辐射还是应做足面部工夫。我们知道，屏幕辐射会产生静电，最易吸附灰尘，长时间和电脑面对面，更容易导致皮肤斑点丛生与皱纹横行。因此上网前不妨涂上护肤乳液后加一层淡粉，以略增皮肤抵抗力。

（2）彻底洁肤。

上网结束后，第一项任务就是洁肤，用温水加上洁面液彻底清洗面庞，将静电吸附的尘垢通通洗掉，涂上温和的护肤品。久之可减少伤害，润肤养颜。这对上网的女性真可谓是小举动大功效。

（3）养护明眸。

如果你不希望第二天见人时双目红肿、黑眼圈加上面容憔悴，切勿长时间连续作战，尤其不要熬夜上网。平时准备一瓶滴眼液，以备不时之需。上网之后敷一下黄瓜片、土豆片或冻奶、凉茶也不错。

方法：将黄瓜或土豆切片，敷在双眼皮上，闭目养神几分钟；或将冻奶凉茶用纱布浸湿敷眼，可缓解眼部疲劳，营养眼周皮肤。

（4）增加营养。

对经常上网的女性朋友来说，增加营养很重要。B族维生素群对脑力劳动者很有益，如果睡得晚，睡觉的质量也不好，应多吃动物肝、新鲜果蔬，它们富含B族维生素；肉类、鱼类、奶制品能增加记忆力；巧克力、小麦面圈、海产品、干果可以增强神经系统的协调性，是上网时的最佳小零食。此外，不定时地喝些枸杞汁和胡萝卜汁，对养目、护肤功效显著。如果你在乎自己的容貌，就赶紧抛弃那些碳酸饮料，而改饮胡萝卜汁或其他新鲜果汁。

（5）常做体操。

长时间上网，你可能会感觉到头晕、手指僵硬、腰背酸痛，甚至出现下肢水肿、静脉曲张。所以，平时要做做体操，以保持旺盛精力，如睡前平躺在床上，全身放松，将头仰放在床沿以下，缓解用脑后脑供血供氧之不足；垫高双足，平躺在床或沙发上，以减轻双足的水肿，并帮助血液回流，预防下肢静脉曲张；在上网过程中时不时地伸伸懒腰，舒展筋骨或仰靠在椅子上，双手用力向后，以伸展紧张疲惫的腰肌；做抖手指运动，这是完全放松手指的最简单方法。记住，此类体操运动量不大，但远比睡个懒觉来得效果显著。

❀ 防治污染的妙方

洁净的空气维护着人类及生物的生存，对人类生存起重要作用。

但是，随着工业及交通运输业的不断发展，大量的有害物质被排放到空气中，改变了空气的正常组成，使空气质量变坏。同时空气中的粉尘及扬沙更加剧了空气的污染。

长期处在这样的环境中，会给我们暴露在外面的肌肤蒙上一层污垢，会直接影响肌肤的呼吸和排泄。如果肌肤长时间得不到清洁，必然会造成皮肤问题的发生，而且污垢容易渗透到皮肤深层，难以清洁。

如果不注意皮肤的清洁，长此以往，就会感到疼痛或敏感，甚至受到皮肤病的侵害。事实上，空气中的污染物微粒会改变表皮细胞功能：造成细胞分裂和更新速度减缓，皮肤细胞间呼吸功能紊乱，同时引发皮肤过敏。更严重的是，通过一系列的化学反应，这些污染物微粒能加速自由基产生，也加速了人体衰老。

那么，怎样才能使爱美的女性远离污染的困扰呢？

首先，在一天的工作结束之后，把脸部接触一天的脏污去除最为重要，所以晚上的护肤，要先从清洁做起。

其次，我们清洁完皮肤后，要立即进行肌肤保湿，补充足够的水分，除了保湿，我们还要再加强除皱护肤。

再次，合理的营养是健康的基础，在重压之下，更需要了解自身的营养需求，我们可以食用一些碱性食物，如水果、蔬菜、菌藻类、奶类等。可以中和体内的"疲劳素"乳酸，以缓解疲劳。另外，有助充沛精力和体力的维生素矿物质也是缺一不可的，因为可帮助提高精力、舒缓压力。善存等维生素补充剂能为身体储存更多能量，帮助缓解疲劳。

疾病是肌肤的头号公敌

当身体的某一个器官出现了病变，对应的，在皮肤上就会反映出来。有些人的头发突然变细，这可能是肝炎的先兆。男性病人的胡子、腋毛和阴毛，也会减少。这与男性肝炎病人血液中的雌激素水平升高有关。全身的皮肤色泽会成为黑褐色，有的甚至尿液也会出现黑褐色，这可能是肝硬化的先兆。有的乙肝病人，特别是有肝硬化的人，会出现蜘蛛痣和肝掌。蜘蛛痣常出现在面部、脖颈部位。当皮肤出现症状之后，应该及时去医院诊治，及早发现病情，及早治疗。

下面再介绍几种常见病在皮肤上的反映。

【肾精亏损】

肾为"先天之本"，肾所藏精气是构成人体和维持人体生长发育及各种功能活动的物质基础。《素问·上古天真论》言："女子七岁肾气盛，齿更发长，二七，而天癸至，任脉通，太冲脉盛，月事以时下……五七，阳明脉衰，面始焦，发始堕，六七，三阳脉衰于上，面皆焦，发始白……"指出了肾之精气盛衰与机体衰老的密切关系。先天禀赋不足或后天劳累过度、房事不节、久病体虚均可导致肾之精气不足，促人早衰。

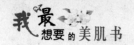

【脾胃失调】

脾胃为后天之本，气血生化之源。若脾胃失调，运化失常，水谷不能化生精微"灌溉四旁"，则脏腑、肌肤失于濡养，可加速颜衰。脾胃失运，水湿不化，聚而为饮，又易诱发其他疾病，加速人体衰老。金元四大名医之一李东垣认为，脾胃病则元气衰，元气衰则折人寿。李东垣在《脾胃论》中明确指出，"胃之一腑病，则十二经元气皆不足，凡有此病者，虽不变易他疾，已损其天年。"饮食不节、劳累过度等，均可导致脾胃功能失调，生化输布障碍。

【心气不足】

《灵枢·邪气脏腑病形》言："十二经脉、三百六十五络，其血气皆上于面。"而心主血脉，心气不足，运血无力，面部血液供给不充分，皮肤失于滋养，则晦暗无华并易出现皱纹。

【肺失宣降】

肺主气，司呼吸，主宣发、肃降，朝百脉，合皮毛。肺功能失调，则不能"温分肉，充皮肤，肥腠理，司开阖"，使皮肤失去润泽、细腻，变得憔悴、枯槁，而且易为外邪所感。

【情志失常】

情志过激或情志不畅，都会使人体脏腑功能失调，加速衰老。若导致肝失疏泄，气滞血淤，则皮肤失养，会变得晦暗无光；若导致脾失健运，气血生化、输布障碍，颜面皮肤会失其濡润而弹性减弱或出现皱纹。

【外邪侵袭】

面部常年暴露于外，严寒酷暑、风霜雪雨对面部皮肤都有影响。风邪侵袭，面部肌肤营养失调，则干涩起屑；燥邪侵袭，皮肤失于濡润，则干枯，甚至皲裂；寒邪侵袭，"腠理闭，汗不出"，则肌肤坚涩不润；光毒侵袭，则皮肤潮红、肿胀、灼痛，甚至起水肿糜烂，且皮肤老化加速，弹性降低，过早地出现皱纹。

❀ 留神酒精的伤害

现在，人们饮酒成了家常便饭，简直是无酒不欢，甚至还逐渐形成了酒桌文化。现在生意人的许多业务都是靠酒泡出来的，我们不否定这种"曲线救国"的方法，但是应注意饮酒适量，尤其对于女性朋友来说，过量饮酒还会给你的皮肤带来意想不到的伤害。

【饮酒】

饮酒过量会造成酒精中毒、肝脏机能衰弱，促进皮脂分泌形成青春痘、粉刺，或因鼻头毛细血管扩张成为酒糟鼻，并且会消耗体内的维生素B_1，增加疲劳感。

【外用酒精】

不要选择含有酒精成分的肌肤护理产品。由于很多化学品都用酒精来溶解，所以某些洁肤品可能含有酒精成分。购买时只要认清产品上的标签，就可以知道有没有酒精成分，如果有的话，最好能够尽量避免，原因有三点：

第一，你的皮肤可能对酒精敏感，引起不必要的皮肤炎，我们叫做接触性皮肤炎，是颇为常见的情况。

第二，酒精本身是强力的溶剂及消毒剂，对皮肤有害，使皮肤干燥脱落、爆裂及粗糙。

第三，不少爽肤水中都含一定量的酒精。当其中酒精含量超过40％时，爽肤水甚至能点出小火苗。

【爽肤水】

爽肤水中广泛使用酒精，是因为酒精是最好的收敛剂，并可以杀

菌。但酒精也有明显的害处：挥发性强，易将脸上的水分带走，使皮肤变干起皱纹；同时，酒精还会溶解皮肤里的蛋白质，加速皮肤老化。所以，当今美容界最新的爽肤概念是，用草莓多芬等植物萃取液取代酒精。它们有酒精的收缩功能，却没有酒精的坏处，而且，这种萃取物还可以帮助皮肤抗氧化和平衡酸碱度。

❀ 压力过大，暴露了肌肤的小秘密

时代在发展，社会在进步，人们的生活水平在不断地提高，为了达到更好的生活标准，人们努力地去工作，努力地去创造事业，努力地去争取更多的"钱"，希望自己的生活能过得更好。有的时候，为了做好工作，为了做成生意，甚至连一顿饭都吃不好，他们每天都在为有更好的生活而努力着。

有的人，现在虽然说是白领，经济很富足，生活得非常美好，她们吃住穿行没什么说的。生活中所需要的，她们都应有尽有，可是她们却让自己得不到放松。她们为了保有现在所拥有的美好生活，努力工作，努力挣钱。无形中在为自己增加着压力，她们却不知道。可能只是为遇到一件处理不好的事而闷闷不乐，或者是因为思考一个方案而彻夜难眠，这些，她们并不在意。就是因为这些无数的不在意，让她们的美好生活中没了笑语，让她们的身体也出现了不适。

压力的危害是巨大的，压力会刺激激素活动，并促进皮脂腺的活动。另外，西医认为精神压力容易影响毛发。在精神压力的作用下，人体毛肌收缩，头发直立，并使为毛囊输送养分的毛细血管收缩，造成局部血液循环障碍，造成头发生态改变和营养不良。精神压力还可引起出汗过多和皮脂腺分泌增长，产生严重的头垢，降低头发生存的环境质量，从而导致脱发。

压力在中医学中可称为情志失常。情志过极或情志不畅，都会使人体脏腑功能失调，加速衰老。若导致肝失疏泄，气滞血阻，则皮肤失养，会变得晦暗无光；若导致脾失健运，气血生化、输布障碍，则颜面皮肤会失其润泽而弹性减弱或出现皱纹。

那么，为了我们靓靓的皮肤，适当给自己减减压吧。

（1）降低生活标准。

对生活高标准严要求的人不在少数，这些人应该学会放松。

（2）接受帮助。

不要认为自己能够做好一切事情。如果遇到力所不能及的事情，你最好能请别人帮忙。与其花两个小时做无谓的劳动，不如到公园散步或与朋友闲聊。

（3）不要同时做几件事。

不要指望自己能同时做好几件事。与其同时做几件事情，不如考虑如何提高效率。

（4）把家务分开做，尽量不要搞大扫除。

最好是把家务分成几部分来做。譬如：今天整理浴室，明天除尘，后天擦窗户。心理学家认为，做少量家务不会使人感到疲劳，而且还使人有愉悦感。

（5）积极从事体育锻炼。

从事任何项目的体育活动都能使人感到惬意，但前提是不要运动量过大。另外，与其在家中使用健身器械，不如到公园散步、同朋友踢球、打球或到游泳馆游泳。

（6）留给自己一些时间。

要学会多留些时间给自己。一个人如果总是不能闲着，会使周围人的情绪紧张。如果累了，你就躺着，即使不累，为了爱惜自己也可以躺着放松一下。

❀ 烟雾缭绕不是美的表现

香烟中的尼古丁能使血管收缩，管腔变窄，血流量减少，使正常皮肤的结缔组织松弛，由细小皱纹变成明显的皮肤皱纹，从而使人容颜苍老，面色呈暗灰、紫红等。烟草使嘴唇变干、牙齿变黄、加速皮肤老化。吸烟者对于维生素C的需求量十分大，因为烟草会破坏这种维生素。

吸烟对肌肤产生很大的影响，表现如下：

（1）皮肤细胞更新能力减缓。

（2）胶原和弹性蛋白的活动力减弱。

（3）皱纹变得明显。

（4）皮肤变得干燥粗糙。

（5）阳光和环境更容易对皮肤造成伤害。

❀ 不觅仙方觅睡方

在快节奏生活中，学习和工作十分紧张，充足的睡眠是人体生命活动所不可缺少的，也是解除疲劳，恢复体力和精力所必需的。

中医养生名著之一《养生三要》里说："安寝乃人生最乐。"古人有言"不觅仙方觅睡方……睡足而起，神清气爽，真不啻无际真人"。可见，睡眠对于人来说，是多么的重要。在人类生命的过程中，大约有1/3的时间是在枕头上度过的。睡眠与健康是"终身伴侣"。

不要说长时间不睡觉，就是长期睡眠不足，对健康也有很大的损害。这是因为在所有的休息方式中，睡眠是最理想、最完整的休息。有人说，睡眠是最自然的和最了不起的恢复剂，这是合乎事实的，经过一夜的酣睡，多数人醒来时感到精神饱满，体力充沛。

在日常生活中，人们常有这样的体会，当你睡眠不足时，第二天就显得疲惫不堪，无精打采，感到头昏脑涨，工作效率低，但若经过一次良好的睡眠之后，这些情况就会随之消失。曾有人形象地说睡眠好比给电池充电，是"储备能量"。确实，经过睡眠可以重新积聚起能量，把一天活动所消耗的能量补偿回来，为次日活动储备新的能量。科学研究证明，良好的睡眠能消除全身疲劳，使脑神经、内分泌、体内物质代谢、心血管活动、消化功能、呼吸功能等能得到休整，促使身体各部组织生长发育和自我修补，增强免疫功能，提高对疾病的抵抗力，所以有"睡眠是天然的补药"的谚语。

睡眠是平衡人体阴阳的重要手段，是最好的节能，也是最好的储备及充电，更是消除疲劳，让脸色红润、精神良好的好方法。

那么，睡眠与女性的美容有什么关系呢？

睡眠时皮肤血管更开放。这可补充皮肤养料和氧气，带走各种排泄物，睡眠时生长激素分泌增加，可促进皮肤新生和修复，保持皮肤细嫩和弹性；睡眠时，人体抗氧化酶活性更高，能更有效地清除体内自由基，保持皮肤的年轻状态。

如果长期睡眠不足或质量不高，就会精神委靡，有损健康，产生疾病，提前衰老。反映在面部就是，皮肤失去光泽，变得干燥枯萎，皮肤松弛没有弹性，这就是所谓的"老化"。

睡眠与美容息息相关，那么怎样才算良好的睡眠呢？足够的睡眠时间一般成人每天需睡8小时左右。很高的睡眠质量中睡眠的质（深沉香甜）要比量（足够时间）更为重要。睡眠的质量标准应该是醒后全身轻松，疲劳消失，头脑清晰，精神饱满，精力充沛，胜任工作和学习。

中医睡眠机制是：阴气盛则寐（入眠），阳气盛则寤（醒来）。所以夜晚应该在子时（21～23点）以前上床，在子时进入最佳睡眠状态。因为按照《黄帝内经》睡眠理论，夜半子时为阴阳大会，水火交泰之际，称为"合阴"，是一天中阴气最重的时候，阴主静，所以夜半应长眠。

提高睡眠质量有四大法宝

（1）提倡睡子午觉。

"子、午"时候是人体经气"合阴"及"合阳"的时候，有利于养

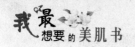

阴及养阳。晚上11点以前入睡，效果最好。因为这个时候休息，最能养阴，睡眠效果最好，可以起到事半功倍的作用。午觉只需在午时（11～13点）休息30分钟即可，因为这时是"合阳"时间，阳气盛，所以工作效率提高。

（2）睡前减慢呼吸节奏。

睡前可以适当静坐、散步、看慢节奏的电视、听低缓的音乐等，使身体逐渐入静，静则生阴，阴盛则寐，最好能躺在床上做几分钟静气功，做到精神内守。

（3）睡前可吃一点养心阴的东西。

如冰糖百合莲子羹、小米红枣粥、藕粉或桂圆肉水……因为人睡觉后，心脏仍在辛苦地工作，在五脏中，心脏最辛苦，所以适当地补益心阴将有助于健康。

❀ 熬夜对皮肤有害

熬夜的女人，时间长了很容易出现皮肤粗糙、脸色偏黄、黑斑、青春痘、黑眼圈等症状。所以，爱美的姐妹要注意了。

熬夜前的饮食要讲究

如果你迫不得已要熬夜，那么晚餐时就应注意摄取富含维生素C的水果，以及富含胶原蛋白的食物，如"动物肉皮"，但不可吃辛辣食品，以防皮肤中的水分过度蒸发。

可以晚睡但不可以晚洗

一般而言，皮肤在晚上10：00～11：00点之间进入晚间保养状态。熬夜时如果有条件，在这段时间里，一定要进行一次皮肤清洁和保养。用温和的洁面用品清洁之后，涂抹点保湿霜。这样，皮肤在下一个阶段虽然不能正常进入睡眠，却能得到养分与水分的补充。

熬夜后的补救措施

睡前或起床后利用5～10分钟敷一下脸（可使用保湿面膜），以补充缺水的肌肤。

起床后洗脸时利用冷、热交替法刺激脸部血液循环。

涂抹保养品时，先按摩脸部5分钟。

早上起床后先喝一杯枸杞茶，有补气养身之效。

做个简易柔软操，活动一下筋骨，让精神旺起来。

早饭一定要吃饱，但是不能吃凉的食物。

知心小贴士：

美丽食物：香蕉、木瓜、猕猴桃、柠檬等均富含能量和维生素，既能补充体力，又能美容。

美颜方：按1：1的比例将捣烂的木瓜浸泡于水中，滤去渣，然后用纱布蘸着在脸上多涂几次。这种面膜适用于油性皮肤，对老年皮肤的保养也很有效。

取鲜柠檬两只，切碎用纱布包扎成袋，放入浴盆中浸泡20分钟，再放至38～40℃的水中即可沐浴。可以清除汗液、异味、油脂，润泽全身肌肤。

有时，由于工作的原因，你不得不熬夜赶策划、写方案，经过一夜的疲劳轰炸，第二天醒来时，镜子里那有着浓重的黑眼圈，红肿而呆滞的双目，面容憔悴的你一定会因此苦恼不堪。其实，做一个简单的美容修复，30分钟后就能让你呈现如水肌肤和靓丽双目，令你光彩依旧照人。

在这里推荐一款白芷蛋黄面膜。

材料：白芷6克，蛋黄1个，蜂蜜1大匙，小黄瓜汁1小匙，橄榄油3小匙。

做法：先将白芷粉末装入碗中，加入蛋黄搅均匀。再加入蜂蜜和小

黄瓜汁，调匀后涂抹于脸上及眼部皮肤，约20分钟后再用清水洗干净。脸洗净后，用化妆棉蘸取橄榄油，敷于黑眼圈处，约5分钟。然后再以热毛巾覆盖在脸上，此时化妆棉不需要拿掉。等毛巾冷却后，再把毛巾和化妆棉取下，洗净脸部即可。

✿ 完全卸妆减少自由基的侵害

皮肤也需要呼吸，就算你不化妆，空气中的灰尘混合皮肤所分泌的油脂附着在皮肤表面，也容易造成毛孔的堵塞，导致皮肤干燥、失去弹性、肤色黯黑、色斑等衰老的症状。

要想远离这些老化现象，保持细致剔透的肌肤，就必须每天彻底地卸妆，将空气中的灰尘、有害气体微粒等污染物及面部的彩妆一起洗去，最大限度地减少自由基对皮肤的侵害。

卸妆的方法和步骤

卸妆的第一步是卸除眼部的彩妆。卸除眼部彩妆时应使用眼部专用的卸妆液，因为专为眼部彩妆而设计的卸妆用品质地更温和，不含刺激配方，不会伤害眼周肌肤。尤其是选用防水型眼部彩妆或持久型唇膏的人，最好使用与同品牌搭配的卸妆产品。

卸妆时，先用卸妆液把化妆棉或棉棒充分弄湿，把眼影、眼线和睫毛膏等彩妆卸掉。当眼睫毛与眼影卸完后，应该检查是否有剩余的眼线或眼影遗留在细小的睫毛间隙或眼皮褶皱之中。若有残妆，可利用棉花棒蘸取眼部卸妆液，自与眼睛垂直的方向仔细地将其去除干净，以免化妆品停留在脆弱细致的眼周肌肤上，造成皮肤的老化。

接下来卸除唇部的彩妆。嘴唇的皮肤是化妆时间较长的一个部位，没有好好地卸妆，长期下来积累在嘴唇缝隙中的唇膏会渐渐地阻碍唇部皮肤的正常呼吸，让唇色加深变黑，甚至导致唇部皮肤纹路加深。而且，唇部不具有油脂分泌腺，彩妆卸除不干净，污垢不会经由肌肤分泌的油脂自动掉落，久而久之，嘴唇便会出现老态。

先将化妆棉用卸妆液完全蘸湿，覆盖在唇上静置约3秒，再轻轻将唇部的唇膏拭去，然后，换一张新的化妆棉，同样用卸妆液蘸湿，用力将嘴唇向两侧拉开，以便将嘴唇的褶皱撑开，将新的蘸有卸妆液的化妆棉再度置于唇上。如果仍有残留的唇膏存于皮肤纹理中，用棉花棒蘸取唇部卸妆液，自与唇部垂直的方向，将其完全拭净。

眼、唇等部位的彩妆卸除干净以后，就开始脸部的卸妆。脸部卸妆是卸妆工作的最主要部分，将整张脸的彩妆彻底卸除，卸妆才算完成。

把卸妆产品适量抹于额头、脸颊、鼻子、下巴、脖子等处，用指腹轻轻按摩脸部，以便让卸妆产品将彩妆完全溶解。注意细小的地方，如鼻翼、嘴角、发际等处，也要彻底按摩。然后，用面纸将脸上所有东西拭去。如果一次卸不干净，同样步骤再来一次，直到完全清除为止。

抵御岁月的侵袭，完美肌肤抗衰老

无可否认，谁也无法逃脱岁月的侵袭，没有人能做到长生不老。但是，可以延缓皮肤的衰老。

皮肤衰老的进程中，有方方面面的因素，而在诸多环境因素中，营养是其中极为重要的一环。

只有为皮肤提供足量的营养，尤其是一些具有抗氧化功能的营养素，才能适时地阻击自由基对皮肤的侵扰，使皮肤健康、自然、充满活力。

【水】

在防止和推迟皮肤老化的进程中，水是至关重要的。人体缺水首先会使皮肤变得干燥、没有弹性，产生皱纹，面色也会显得苍老。因此，

为了美容和健康，还是提倡多喝水。

最好在早晨起床后喝一杯水，这样不仅可清洁胃肠，对肾也有利。饭后和睡前不宜多喝水，以免导致胃液稀释，夜间多尿，并可诱发眼睑水肿和眼袋。每日喝6～8杯水，对美容是有益的。水分在皮肤内的滋润作用不亚于油脂对皮肤的保护作用，体内有充足的水分，才能使皮肤丰腴、润滑、柔软，富有弹性和光泽。还应多吃含水分多的蔬菜和水果，注意保持室内适宜的湿度，对皮肤美容有益。此外，不同的水还有其不同的美容功效。

矿泉水中含有多种无机盐。如矿泉水含有钙、镁、钠、二氧化碳等成分，能健脾胃、增食欲，经常饮用能使皮肤细腻光滑。

在饮用水中加入花粉，可保持青春活力和抗衰老。花粉中含有多种氨基酸、维生素、矿物质和酶类。天然酶能改变细胞色素，消除色素斑、雀斑，保持皮肤健美。

红茶、绿茶都有益于健康，并有美容护肤功效。茶叶具有降低血脂、助消化、杀菌、解毒、清热利尿、调整糖代谢、抗衰老、祛斑及增强机体免疫功能等作用。但不宜饮浓茶及过量饮茶，以免妨碍铁的吸收，造成贫血。

水中加入鲜橘汁、番茄汁、猕猴桃汁等。有助于减退色素斑，保持皮肤张力，增强皮肤抵抗力。

电解活性离子水是一种提高自身免疫功能、预防疾病的日常饮用保健水。饮用后能迅速进入细胞的每一个角落，与自由基相结合，对降低血液中自由基含量、增强体质、防治疾病、延缓衰老和护肤美容都有益处。

【蛋白质】

蛋白质是构成人体组织的主要成分，是人体器官生长发育所必需的营养物质，人体皮肤组织中许多有活性的细胞的活动都离不开蛋白质。成年女子每日膳食对蛋白质摄入量不应少于每千克体重1克。

鸡肉、兔肉、鱼类、鸡蛋、牛奶、豆类及其制品等食物中均含有营养价值丰富的优质蛋白质，经常食用，既利于体内蛋白质的补充，又利于美容护肤。体内长期蛋白质摄入不足，不但影响肌体器官的功能，降低对各种致病因子的抵抗力，而且会导致皮肤的生理功能减退，使皮肤弹性降低，失去光泽，出现皱纹。

【脂肪】

脂肪是脂溶性维生素吸收不可缺少的物质，能保护人体器官，维持体温。脂肪在皮下适量贮存，可滋润皮肤和增加皮肤弹性，延缓皮肤衰老。人体皮肤的总脂肪量大约占人体总量的3%～6%。脂肪内含有多种脂肪酸，如果因脂肪摄入的不足，而致不饱和脂肪酸过少，皮肤就会变得粗糙，失去弹性。

膳食中的脂肪分为两种，一种是动物脂肪，一种是植物脂肪。动物脂肪因含饱和脂肪酸较多，如食入过多可能导致动脉粥样硬化，加重皮脂溢出，促进皮肤老化。而植物脂肪中含较多不饱和脂肪酸，其中尤以亚油酸为佳，不但有强身健体作用，而且有很好的保养皮肤的作用，是皮肤滋润、充盈不可缺少的营养物质。此外，植物油脂中还含有丰富的维生素E等营养皮肤及抗衰老成分，不仅具有美容养颜功效，还具有健体和抗衰作用。

含亚油酸丰富的食物有红花油、葵花子油、大豆油、芝麻油、花生油、茶油、菜子油，葵花子、核桃仁、松子仁、杏仁、桃仁等食物中亦含有较多的亚油酸。但脂肪类食物不宜食入过多，每天不应超过30克，以免引起肥胖及心血管疾病。

【维生素A】

维生素A有维护皮肤细胞功能的作用，可使皮肤柔软细嫩，有防皱去皱功效。缺乏维生素A，可使上皮细胞的功能减退，导致皮肤弹性下降、干燥、粗糙，失去光泽。

胡萝卜素是维生素A的前体物质，在体内可转化为维生素A，它在体内从不同环节对抗自由基对细胞的氧化损害，加强身体的抗氧化能力，减轻自由基的危害。

维生素A含量丰富的食物有动物肝脏、奶油、黄油、胡萝卜、白

薯、绿叶蔬菜、栗子、番茄等。

【B族维生素】

维生素B_1能促进胃肠功能，增进食欲，帮助消化，消除疲劳，防止肥胖，润泽皮肤和防止皮肤老化。瘦肉、粮食、花生、葵花子、松子、榛子、紫皮蒜中富含维生素B_1。

维生素B_2有保持皮肤健美，使皮肤皱纹变浅，消除皮肤斑点及防治末梢神经炎的作用。维生素B_2供给不足，可引起皮肤粗糙、形成皱纹，还易引起脂溢性皮炎、口角炎、唇炎、痤疮、白发、白癜风、斑秃等。动物肝、动物肾、蛋、干酪，蘑菇中的大红蘑、松蘑、冬菇，干果中的杏仁，蔬菜中的金针菜、苜蓿菜含维生素B_2丰富，应经常食用。

维生素B_3将皮肤的表层细胞由老化阶段提升至新生阶段，促进皮肤新陈代谢。此外，维生素B_3还可促进真皮中的骨胶原蛋白生长，减少水分的流失，从而使干纹减少。含维生素B_3的日常食物有动物肝脏、鱼、蛋、乳酪、小麦胚芽及动物肾脏等。

维生素B_6能促进人体脂肪代谢，滋润皮肤，被称为"美容维生素"。

【维生素C】

维生素C是很好的抗氧化剂，可帮助减少自由基对皮肤的损害，有助于减少皱纹并改善皮肤结构，还能抑制皮肤上异常色素的沉积以及酪氨酸酶的活性，并有助于多酪氨酸转化成为黑色素的中间体——巴色素的还原，从而减少黑色素的形成。另外，维生素C还用于合成胶原蛋白，向皮肤细胞培养物中加入维生素C，可以大大增加胶原的合成。

因此，应多吃含维生素C丰富的食物，如山楂、鲜枣、柠檬、橘子、猕猴桃、芒果、柚子、草莓、西红柿、白菜、苦瓜、菜花等。这些食物既能满足人体对维生素C的需要，还含有大量的水分，是人体最佳的皮肤滋润品。此外，新鲜蔬菜和水果也是多种维生素C的来源，对调节人体血液循环，促进机体代谢，保护皮肤细胞和皮肤弹性都有益处。

【维生素D】

维生素D能促进皮肤的新陈代谢，增强对湿疹、疮疖的抵抗力，并有促进骨骼生长和牙齿发育的作用。服用维生素D可抑制皮肤红斑形成，治疗牛皮癣、斑秃、皮肤结核等。体内维生素D缺乏时，皮肤很容易溃烂。

维生素D从食物中仅可少量获得，大部分是通过紫外线照射在皮肤上转化而成的。最简单的补充方法是服用鱼肝油制剂。但因鱼肝油是维生素A和维生素D共同组成的，服用过量可引起中毒，最好在医生指导下服用。含维生素D的食物有各种海鱼的肝、鳕鱼、比目鱼、鲑鱼、沙丁鱼、动物肝脏、蛋类、奶类。

【维生素E】

维生素E在美容护肤方面的作用是不可忽视的。因为人体皮脂的氧化作用是皮肤衰老的主要原因之一，而维生素E具有抗氧化作用，从而保护了皮脂和细胞膜蛋白质及皮肤中的水分。它还能促进人体细胞的再生与活力，推迟细胞的老化过程。

此外，维生素E还能促进人体对维生素A的利用，可与维生素C起协同作用，保护皮肤的健康，减少皮肤发生感染。维生素E对皮肤中的胶原纤维和弹力纤维有"滋润"作用，可改善和维护皮肤的弹性。并能促进皮肤内的血液循环，使皮肤得到充分的营养与水分，以维持皮肤的柔嫩与光泽。还可抑制色素斑、老年斑的形成，减少面部皱纹及洁白皮肤，防治痤疮。每天摄入足够的维生素E对于人体健康和皮肤健美都是十分有益的。

因此，为维护皮肤的健美及延缓衰老，应多吃富含维生素E的食物，如豌豆油、葵花子油、芝麻油、蛋黄、核桃、葵花子、花生、芝麻、莴笋叶、柑橘皮、瘦肉、乳类等。

【铁】

铁是人体造血的重要原料，人体如果缺铁，可引起缺铁性贫血，出现颜面苍白，皮肤苍老，失眠健忘，肢体疲乏，思维能力差。

含铁丰富的食物有猪肝及各种动物肝脏、淡菜、海带、芝麻酱、黑豆、黑木耳等。

【铜】

人体皮肤的弹性、红润与铜的作用有关。铜和铁都是造血的重要原料。铜还是组成人体中一些金属酶的成分，组织的能量释放，神经系统磷脂形成，骨髓组织胶原合成以及皮肤、毛发色素代谢等生理过程都离不开铜。铜和锌都与蛋白质、核酸的代谢有关，能使皮肤细腻、头发黑亮，使人焕发青春，保持健美。人体缺铜，可引起皮肤干燥、粗糙，头发干枯，面色苍白，生殖功能衰弱，抵抗力降低等现象。

含铜丰富的食物有动物内脏、虾、蟹、贝类、瘦肉、乳类、大豆及坚果类等。

【硒】

硒在人体主要分布于肝、肾，其次是心脏、肌肉、胰、肺、生殖腺等。头发中的硒量常可反映体内硒的营养状况。硒不仅能使头发富有光泽和弹性，使眼睛明亮有神，还可以维护人体健康，是防治某些疾病不可缺少的元素，而且是一种很强的氧化剂，对细胞有保护作用，对一些化学致癌物有抵抗作用。能调节维生素A、维生素C、维生素E，增强人体的抵抗力，保护视器官功能的健全，改善和提高视力。

含硒丰富的食物有小麦、小麦胚粉、小米、玉米、甜薯干、西瓜子、鱼类、蛋类、豆荚类等。

【镁】

镁能维护皮肤的光洁度，阻击皮肤老化的进程。人体如缺镁，可出现面部、四肢肌肉颤抖及精神紧张、情绪不稳定等症状。它还参与体内核糖核酸及脱氧核糖核酸的合成，参与神经肌肉的传导，是构成人体内多种酶的主要成分之一，对体内一些酶（如肽酶）有激活作用。

含镁丰富的食物有：黄豆、蘑菇、红薯、香蕉、黑枣、红辣椒、紫菜等。

护肤三大不良习惯：省、懒、脏

下班吃过晚饭，小孙像平时一样拿起手边的小镜子，"关爱"起自己的脸来：眼睛上的皱纹又有了，用手按摩了几下；还有鼻子，又长黑头了，用手挤几下；又长了个疱疱，拿手抠抠；还有下巴上……

其实，像小孙这样"关爱"自己的皮肤，只能使肤质越来越差。因为保养皮肤也需要正确的方法，而一些不良习惯只能起到反作用。现在大家思考一下你有没有带着不好的习惯在关爱自己的肌肤？

【省】

有人说面膜好贵，还是省着点用吧，于是只涂薄薄的一层。知道节省是个好习惯，但是要用对地方。敷面膜时，薄薄的一层完全没有形成一个封闭性的"护肤场"，有时就起不到护肤的作用。所以面膜一定要厚厚地涂、多多地涂，才能让皮肤吃够营养，特别是T字形区。如果你觉得太浪费，那么就用自制面膜，既有效又实惠。

【懒】

拍上爽肤水、眼霜后不按摩，卸妆无收尾，用完面膜不洗脸，等等，所有这些都是懒的表现。护肤时一定要做到位，正所谓失之毫厘，谬以千里，既然做了，就做完、做好，不落下任何细节。

【脏】

脏是培育细菌的温床，说起来有些吓人，却不是危言耸听。检查一下自己的日常保养品以及日常的小习惯，是否已经成了培育细菌的温床？

喜欢用手在脸上摸来摸去，或者用手托着脸。

眉毛夹用完就一扔，一个月也不清洗一次。

每次涂完口红或润唇膏后，不用纸巾在其表面轻轻擦拭一遍。

……

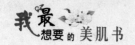

有很多人觉得涂眼霜没用，不但不吸收，还会形成脂肪粒，其实这些在一定程度上是由使用手法不当所造成的。

正确涂眼霜的方法是：取眼霜适量，一般为一颗黄豆大小，平均沾于两个无名指的指尖，将它们均匀地点按到两只眼睛的整个眼眶周围，注意不单下眼眶要有，上半部分也要有。随后加密点击的范围和频率，将这些眼霜均匀地点按至吸收为止，注意动作要轻柔，始终使用最清洁的无名指。最后，可以搓热掌心，轻轻地按压眼部来收尾。

第十章

排毒，冰肌玉骨逸若仙

中医学所说的"毒"，一般是指各种对人体组织、器官、细胞有害的物质。例如：夏季中暑体内会有"暑毒"，冬季严寒伤人会出现"寒毒"。水肿厉害就是"水毒"。这些毒素若不能及时排除或通过新陈代谢排出体外，就会淤积体内，引起皮肤干燥、肤色晦暗、痤疮、黄褐斑等一系列肌肤问题。

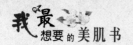

❀ 小测试：测测毒素爱你深几许

毒素——堪称人体健康的杀手，它们四处开花无孔不入，任压力繁多的现代女性何等八面玲珑，也无法拒"毒素"于门外，而毁肌肤于无形。当肌肤在莫名其妙间产生例如粗糙、暗沉、油腻等诸多问题时，这是在警告你，你已经中毒了。

中毒！听起来真有些让人害怕。其实，按照医学上的说法，这是一种亚健康状态，处于健康和疾病之间，人会感觉动不动就疲倦乏力，脾气暴躁，工作效率也没那么高了。

如何判断你体内的毒素已经到了非排不可的地步呢？想知道隐匿在你体内的毒素到底有多少吗？单凭一双肉眼是绝看不清毒素的。测试一下，如果出现如下几个或多个症状，就说明你的体内已经积存了不少毒素，如果不及时调整，健康会离你越来越远，而疾病开始悄悄地靠近你。

皮肤类型测试

1. 这两个月工作压力特别大，经常加班加点，已经习惯了凌晨入睡。

□ 是　　□ 否

2．稍微吃一点就会觉得腹胀。

□ 是　　□ 否

3．最近皮肤的颜色好像加深了许多，当然绝不是那种健康的小麦肤色，而是暗暗的黄褐色。

□ 是　　□ 否

4．神经紧张，易受惊吓。

□ 是　　□ 否

5．早上起床照镜子时发现皮肤没有光泽，看起来十分晦暗。

□ 是　　□ 否

6．时常便秘或腹泻。

□ 是　　□ 否

7．上班路上看见以前的同事，他们都说自己看起来憔悴了好多。

□ 是　　□ 否

8．时常失眠，睡眠质量不高，睡醒后还是感觉疲倦。

□ 是　　□ 否

9．三餐不定时，大多数都是叫外卖或吃点快餐食品。

□ 是　　□ 否

10．天气已经没那么热了，可是脸上的出油情况反而加剧。

□ 是　　□ 否

11．容易疲倦，时常感觉体力不支。经常感冒或身体过热，容易出汗，手足潮湿。

□ 是　　□ 否

12．脸颊额头和下巴有痘痘，粉刺层出不穷。

□ 是　　□ 否

13．时常感觉焦虑，心情低落或抑郁。

□ 是　　□ 否

14．原有的斑点颜色变重。

□ 是　　□ 否

15．容易上火，呼吸时有异味，有口气和体臭；屁味比较臭。

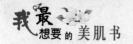

□ 是　　□ 否

16. 肌肤干燥粗糙，摸上去手感很差劲。

□ 是　　□ 否

17. 脸色灰暗，皮肤出现斑点。

□ 是　　□ 否

18. 头痛，腰酸和关节痛。

□ 是　　□ 否

19. 眼角和嘴角都有细小的皱纹，虽然不十分明显。

□ 是　　□ 否

20. 黑眼圈和眼袋不请自来，尽管你一直坚持早晚使用眼霜。

□ 是　　□ 否

21. 打嗝、胀气。

□ 是　　□ 否

22. 皮肤抵抗力下降，很容易产生过敏现象。呈现干燥或多油腻，易起红疹、色斑、小疙瘩。

□ 是　　□ 否

23. 尿频（尿色浅淡），尿少（尿色深红），尿刺痛，四肢肿胀。

□ 是　　□ 否

24. 头脑浑浊、记忆力下降、情绪波动大，易发怒。

□ 是　　□ 否

25. 肥胖。

□ 是　　□ 否

看看以上25种情况，你回答为"是"的有多少？如果上述问题你占了一半，那毫无疑问，你需要排毒！因为它们让美丽不再，让健康不再。

毒素积累的危险后果

经常听人说毒素可怕，可是可怕到什么程度，往往就不得而知了。通常体内毒素累计能产生哪些后果呢？

【肥胖】

如果你的体重超过标准体重的20％，或体重指数[体重（千克）/身高（米）^{2}]大于25，就属于肥胖了。

肥胖是一种营养过剩的疾病，如果长期食用高脂肪、高热量食品，体内就会滋生毒素，造成机体失衡，引发肥胖。患者除体弱无力、行动不便，动作迟缓、心悸、怕热多汗或腰痛，下肢关节疼痛等症状外，大多有糖、脂肪、水等物质代谢和内分泌方面的异常。

【湿疹】

多是由消化系统疾病、肠胃功能紊乱、精神紧张，或是环境中的各种物理、化学物质刺激而引起的皮肤炎症反应性疾病，它也是新陈代谢过程中产生过多的废物不能及时排出体外造成的。

【口臭】

口臭是指口内出气臭秽的一种症状，多由肺、脾、胃积热或食积不化所致，这些东西长期淤积在体内排不出去就变成了毒素。贪食辛辣食物或暴饮暴食，疲劳过度，虚火郁结，或某些口腔疾病，如口腔溃疡、龋齿以及消化系统疾病都可以引起口气不清爽。

【皮肤瘙痒】

皮肤是人体最大的排毒器官，皮肤上的汗腺和皮脂腺能够通过出汗等方式排出其他器官无法解决的毒素。外界的刺激、生活不规律、精神紧张，以及内分泌障碍等使皮肤的排毒功能减弱，就会引发瘙痒。

【痤疮】

痤疮是一种毛囊与皮脂腺的慢性炎症皮肤病。各种毒素在细菌的作用下产生大量有毒物质随着血液循环危及全身；而当排出受阻时，又会通过皮肤向外渗透，使皮肤变得粗糙，出现痤疮。

此外，微量元素缺乏、精神紧张，高脂肪或高碳水化合物饮食都是痤疮的诱因。所以我们不能只注意"面子"上的功夫，而忽视了体内的环保。

【慢性胃炎】

该症是由饮食没有节制，脾胃虚弱，劳逸过度所引起的各种慢性胃黏膜炎性病变而形成的一种毒存体内、气血不通的症状。

【便秘】

如果你排便间隔时间多于3天或3天以上，你可能患上了便秘。按照症状不同，便秘可分为习惯性便秘和偶发性便秘两种类型。大肠形成粪便，并控制排便，是人体向外排出毒素的主要通道之一，如果体内毒素积存过多，影响脾胃的运行，造成大肠的传导失常，肠道不通而发生便秘。

长期便秘，粪便不能排出，会产生大量毒素堆积，这些毒素被人体吸收，会继发肠胃不适、口臭、色斑等其他症状，导致人体器官功能减弱，抵抗力下降。

【黄褐斑】

每个人都希望自己有娇好的容颜，可是不知什么时候开始，你的脸上出现了黄褐色或淡黑色斑片，那一片片呈地图状或蝴蝶状的斑片，使肌肤失去了原有的水嫩光泽。内分泌发生变化，长期口服避孕药、肝脏疾患、肿瘤、慢性酒精中毒、日光照射都是黄褐斑发生的原因。

【十二指肠溃疡】

忧思郁怒、肝郁气滞的内生之毒以及由于饮食不节，过饥过饱，过食辛辣等物，嗜烟酒带来的外来之毒都可引起十二指肠溃疡。

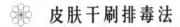 皮肤干刷排毒法

皮肤干刷，是古老的天然美容疗法，已被证实其效果非常的好。它不仅能去除皮肤表面所堆积的老废角质，让肤质的质感更佳，而且还能促进淋巴系统的排水功效，借此消除人体三分之一的废物。但凡关节炎、蜂窝组织（又称橘皮组织）、高血压等问题，以及因淋巴引流功能不佳所导致的精神沮丧等情形都有帮助。虽然皮肤干刷法不能完全取代运动，然而事实上，这种疗法对身体的功效相当于进行一次优质的全身按摩或是慢跑30分钟的运动效果。

我们每天若能干刷皮肤五分钟，连续几个月，身体健康状况会大大改善，这相当于一天做30分钟的运动。干刷是最简单的排毒方法，在刺激淋巴系统、排毒解毒方面十分有效。有韵律地干刷不仅可以促进淋巴液的流动，还能软化淋巴结里压紧的淋巴黏液。若是单从美容这方面来看，干刷还可以分解肌肤底下的蜂窝组织，让皮肤变得清洁健康，散发出自然光泽。

干刷皮肤能够让僵死的表皮细胞脱落，从而有助于皮肤通畅地呼吸，干刷皮肤可以清洁毛孔、改善皮肤的外观。

干刷皮肤能促使肌肉进行收缩，进而促使淋巴和血液的流动，这样就能改善血液循环系统和淋巴循环系统。

增强淋巴循环能够有效地促进细胞中的废物和间液的排泄。消除废物和间液则有助于细胞的生长和更新。

促进间液循环又可以有助于排掉臃肿的臀部和大腿部位中的过多液体。良好的间液循环和淋巴循环可以防止积水、水潴留和水肿。

干刷皮肤对身体健康很有好处，它不但能保持淋巴系统通畅，促进新陈代谢，还可清除皮肤表面的死细胞，恢复皮肤原有的弹性，并增加血液循环。但是只有掌握了正确的方法，才能收到好的效果。

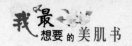

知心小贴士：

（1）选择刷子，刷子必须是洗澡专用的，把子要长，毛以天然植物纤维做成的较好，决不要用人工合成的塑料毛。刷子必须保持干燥，刷皮肤专用的，就不要拿来洗澡。

（2）干刷皮肤时，除了脸不刷以外，身体其余的部分至少要刷一次。刷时像扫地一样，只朝一个方向刷。不可以来回刷，或是转圈式地刷，力量要适中。

（3）一天可以刷一至两次，每次刷五分钟。初刷时的头几天，天然刷子的毛较粗，刷在细嫩的皮肉上会有刺痛之感，此乃正常现象，只要力量适中，皮肤会逐渐适应。

（4）刷完后过一两天，若是淋巴的毒素很多，废物会从粪便排出。淋巴所排出的废物与大肠内所沉积的废物略有不同，前者状如胶质，颜色从透明到深褐色不等；后者的宿便是黏着的，颜色如沥青般深黑。

❀ 足底按摩排毒法

足为精气之根，古人云："人之足，犹如树之根，人老足先衰，树老根先枯。"东方医学认为：人体大部分经络皆通足底。足底汇集了人体的六条经脉，六十六个穴位，所以"脚"被称为是"人体之根，是人体第二心脏"。双足，是人整体的一个缩影，人体各脏腑器官在足部都有相应的反射区。

足底按摩正是通过足底穴位、经络反射区域发挥着不可思议的作用！足底按摩通过对足底穴位及相关经络反射区域刺激，扩张足部血管，将人体的毒素、废液和油脂从足底穴位中排解，有效去除身体久积的毒素及湿气，调节全身血液循环功能、舒通经络、调和气血，净化血液，改善疲劳现象，促进机体功能的恢复作用，降低人体血压血糖、塑身、美体、改善肤色，提高皮肤光泽度以及改善睡眠，消除亚健康状态、重现身体、肌肤健康鲜活状态！避免了口服药经胃肠道吸收、肝肾排泄效应的毒副作用。具有神奇的美容保健功效，效果稳定持久，年轻人、老年人都可以做足底按摩。

如果觉得在按摩院里按摩太费事，不妨在家里自制"按摩器"，在洗脚盆中放入圆形的鹅卵石，在上面踩踩，也能达到刺激足底条件反射区的作用。另外，现在的不少小区在花园里设置了鹅卵石道，光脚或穿着袜子在上面走走，也是一种好方法。不过，冬天要注意不要着凉。

❀ 流汗排毒法

流汗排毒法是一种通过流汗达到疏通人体经脉，加速血液循环，以排出体内毒素，从而达到健身防病、延年益寿的一种天然排毒法。流汗是排毒的表现，皮肤受"内毒"影响最是明显，但也是排毒见效最明显的地方。皮肤是人体最大的排毒器官，能够通过出汗等方式排出其他器官很难排出的毒素，例如黑斑、蝴蝶斑、皮疹、斑点，都是因毒素无法从深层皮肤排出而导致的。没有流汗，毒素也被堵在身体中出不来。

其实，运动出汗，排毒最自然、效果最好。不一定要逼迫自己在寒风中受苦，姐妹们在家中一样可以锻炼出汗，关键是持之以恒，毒素就没机会苍老你的脸了！所以我们必须每周至少进行一次使身体出汗的有氧运动。

流汗排毒法的功用
（1）排出体内毒素
人体由于新陈代谢所产生的体内毒素能通过汗液排出，这些毒素是

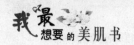

经常在洗澡擦背过程中就可以看到的人体分泌物。当人的肾脏功能衰竭时，排尿减少，体内毒素的排出，就主要依靠流汗来完成。通过流汗排出身体的毒素和废物，可防止身体发生酸中毒。

（2）防病益寿

流汗排毒法通过流汗来通经活络，活跃人体血液循环，进而达到增强全身各器官功能的目的。同时，通过流汗，提高了神经系统的活动能力，有利于五脏六腑的生理功能，亦能预防疾病的发生。因此，中老年人适当流汗，可加速新陈代谢，达到防病益寿的目的；老年人可每周进行1～2次流汗排毒疗法。

（3）治疗疾病

中医认为，通过流汗，可以祛除身体表面的某些病症，例如恶寒、发热、头痛等不适，因为流汗能消耗人体的热量，从而降低体温，促进血液循环，加速新陈代谢，激发自愈力，减轻症状，使人感到舒服，早日恢复健康。

常用流汗排毒法

（1）运动流汗排毒法

在进行跳绳、跑步、打拳、爬山等运动时，稍微多穿一些衣服，加上肌肉伸缩得快，运动量大，便会产生较大的热量，人体为了保持温度的恒定，就会加快热量的散发，很快就会出一身大汗。一般适用于感冒、热性等症，但病情较重的人则不适宜采用此法，以免发生意外。运动前最好喝1～2杯开水，以防止虚脱。

（2）饮食流汗排毒法

在室温较高的环境中，连续喝1～2碗热粥，很快就会引出一身汗。这种喝粥流汗法，适用于风寒感冒、胃寒腹痛的人，此法还具有排毒、开胃、养脾的功效。这种流汗排毒疗法安全，但要避免因出汗过多发生虚脱等不良现象。

（3）热水泡脚逼汗排毒法

用老姜一大块（如手掌大小，要切片）、粗盐2匙，加水一大锅（至少20升），以大火先煮滚，再以小火续煮30分钟。先用一个小茶壶，将已煮好的姜汤趁热装起备用（待水温下降时可随时添加）。将剩下的滚烫姜汤。倒入高塑料桶或木桶，然后用冷水将水温调整到43℃～44℃，桶底放两个高尔夫球（圆石头也可）。坐在椅子上，双脚踩入热姜汤中，水的高度要超过小腿、接近膝盖。在泡脚的过程中，必须同时用双脚脚底踩压高尔夫球，进行脚底按摩，踩到痛处不可闪避，疼痛处才是关键处，要忍痛特意多踩压按摩。30分钟的泡脚过程中，若水温下降，必须随时添加茶壶中的热姜汤，保持43℃～44℃的适当温度。泡脚过程中会大量冒汗，请勿吹风，不可开窗户，更不可吹电扇或开冷气，否则很容易着凉感冒。刚开始流汗时，汗不会有味道，大约连续泡一星期，体内毒素会随着汗液从皮肤排出而出现汗臭，这是排毒的可喜现象，不必担心。

（4）温水浴流汗排毒法

在温泉、浴室或家中用温水洗澡，由于水温较高人体容易出汗。此法适用于感冒、腰酸背痛、风湿性关节炎等症。这种流汗排毒法很安全，对清洁皮肤或抵抗病菌从皮肤侵入很有好处。

（5）衣被流汗排毒法

多穿些衣服，多盖些被子，在温度较高的环境中，很快就会出一身大汗，再喝一口热开水则效果更佳。这就是人们所说的"捂出一身大汗"。一般适用于风寒感冒、全身酸痛等症。此法简单方便而有效。

发汗排毒的注意事项

进行任何一种发汗排毒疗法时，都应先喝一杯300毫升的温开水，并准备好一杯淡盐水（粗盐3克稀释于300毫升温开水中），排汗后就要饮用，以防流汗过多导致虚脱（若有高血压或肾病、水肿者，不可以喝淡盐水，只能喝温开水）。

洗浴时，一定要注意水的温度，以免不慎烫伤。

发汗后绝对不能立即到通风处或寒凉处，应用干毛巾将汗擦干，待无汗后再出门，以免受寒感冒。

采用任何一种发汗排毒法，都不能使身体出汗过多；因为排汗过多，代表体液过度流失，身体顿时失衡，会发生虚脱现象，严重时会使

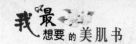

人晕倒。所以一定要适当控制流汗量，并非流得愈多愈好。

❀ 排毒妙法恢复红润肌肤

中医对"毒"的认识源远流长。2000多年前成书的《黄帝内经》中就有58次提到"毒"字。不过当时的毒主要指药物毒性、虫兽之毒和引起传染病的"疫毒"。其后中医所谓的毒，大半是热毒，即"火热炽盛谓之毒"。尤以情绪不畅、肝气郁结，日久化火或嗜食辛辣厚味，积少成多，火毒内生为最常见的原因。所以有热毒、胎毒、火毒，以后扩大为湿毒、血毒、邪毒、痰毒等。

总体来看，中医所谓人体的毒，其实质是人体不能排泄掉的、多余的且对人体有害的物质。在几千年的医学发展过程中，中医积累了丰富的排毒保健经验，值得继承和发扬。

中医排毒，排除的不光是毒素，也可以理解为是化解疾病。具体方法是：

汗法："汗"，顾名思义就是使用"发汗"的一种治疗方法，将身体新陈代谢的终产物通过汗液排出体外。出汗少了，体内的毒素越聚越多，严重影响了健康。运动是发汗的主要方式，运动流汗，可以促进新陈代谢，加快血液循环，将体内的毒素排出体外。也有通过药物来发汗，中医常以麻黄、桂枝发汗治疗一些热证，如高热无汗患者通过出汗来退热。

吐法：就是呕吐。有时胃里有炎症无法泄下的时候只能靠呕吐排毒。

如果误食了药物或者霉变、有毒食品，可以把食盐放入温开水中饮用帮助呕吐。

"病从口入，祸从口出"，人们吃了不洁食物或者误服有毒物，常常通过药物催吐来吐出体内有害的东西，减少毒素的吸收，是一种快捷有效、常用的方法。

下法：胃肠道里有一些食物或毒素可用下法，包括急性肠炎，都可以用下法以泄治泄。

"下"是指通过消化系统与泌尿系统排泄人体代谢终产物的方法，是人体排毒的主要方式。正常人每天都要有至少1次以上的大便，以及不少于500毫升的尿液，才能将一天的代谢终产物排出。

补法：当一个人气血虚弱，出现手脚麻木或者身体本身虚弱、消瘦、乏力，就得用补法，比如服用参汤。但是很多补法不能乱用，要看身体的虚实。凡是补药大都是温热的，乱服补药的结果是失去阴阳平衡、导致新的疾病。现代中医认为，有目的地多吃一些具有解毒、排毒功能的食物，是排除体内毒素的一种有效方法。如绿豆可解酒毒；蜂蜜生食性凉能清热，熟食性温可补中气，味道甜柔且具润肠、解毒、止痛等功能；果菜汁（鲜水果汁和鲜蔬菜汁）进入人体可使血液呈碱性，从而将积聚在细胞中的毒素溶解，然后排出体外。

和法：感冒的时候，疾病在半表半里，出现口苦、咽干、目眩等寒热症状。此时适合用的就是和法，代表方剂是小柴胡汤。

温法：主要用于脾胃虚寒。用暖水袋或者饮用热水等物理方法，或者服一些可以暖胃的药物来进行治疗的方法。

清法：就是清热解毒，病人出现高热不退、口干舌燥、咽喉肿痛、身体疼痛时，用清法，代表方剂是黄连解毒汤。

消法：人吃东西多了，胃里消化不了或者身体出现浮肿，就得用消导制剂，比如山楂丸，帮助消化食物。

刺法：我国民间至今还流传着先针刺，再放血的排毒方法。这种排毒法取效迅速，操作方便，简单易行。适应症很多，尤其是对于在条件简陋的地方发生的危急病症，如毒蛇咬伤等情况显效颇速。

知心小贴士：

读懂护肤"通"字诀

为了健美皮肤，不少人热衷于各种健美食品、药品及化妆品，但却

忽略了皮肤健美最根本的一条——"通"。

通血脉。中医认为，有气滞血淤的人，往往会有肌肤粗糙、紫癜、黑斑、面色晦暗等现象，应当以活血祛淤为基本治法；根据证型偏颇的不同，分别配以清热解毒、祛风止痒、祛湿化痰、补血益气等药物。当然，并不能否定滋补营养在美容方面的价值。但在今天人们营养状态日臻丰富的情况下，活血美容显得更为重要了。

通毛窍。皮肤表层的细胞日久会变得灰暗并剥脱，这些已完成使命的衰老细胞反过来成为新生细胞健康生长的障碍。它们阻塞皮肤腺、汗孔，使皮肤出现斑点或变得黝黑，呈现凹凸不平。如果使用剥脱法将这些衰老的细胞清除掉，使毛孔通畅，皮肤自然会焕发出青春活力。常洗澡、勤洗衣、化纤衣物不贴身穿，也属通毛窍的范畴。

通大便。中医很早就指出：经常大便难解的人，皮肤也易早衰。《千金要方》中记述"便难之人，其面多晦"。民间有不少人喜吞服少量大黄粉，以延年益寿。现代研究证明，大黄有很好的抗衰老及泻下通便作用，所以能起到健美皮肤及抗衰老作用。

- -

✿ 排毒，让肌肤记住你的每一点努力

肌肤中毒的最明显状况往往是粗糙、干燥，这使许多人误认为只要加强保湿，就可缓解皮肤"中毒"状况，实则不然。打个比方，中毒的肌肤就像一个脏水池，如果不先过滤就注入清水，展现出来的仍是黯淡不透明的肤质。因此，肌肤排毒也是美白护肤的重中之重。

"排毒"一直是护肤领域中的热门话题，然而，皮肤到底何"毒"之有，不少人始终对此语焉不详。事实上，"毒素"是一个笼统的说法，一切不利于皮肤与机体健康的物质都可以统称为"毒"。比如导致皮肤生成过多黑色素，引起色斑、暗沉等问题的一切因素，都应该被视为皮肤应该排除的"毒"。

一般来讲，皮肤毒素主要有四种：（1）表毒：由劣质化妆品、恶劣环境等外界因素造成，使皮肤晦暗，诱发面疮或皮肤松弛；（2）重金属中毒：由使用含重金属成分的化妆品或常与重金属接触而引起，中毒后会令皮肤青灰，出现"花纹"脸，甚至长出大面积黑斑；（3）杂毒：由饮食摄入，常积存于人体五脏六腑，破坏内分泌平衡，引发暗疮、色素沉积等问题；（4）紫外线中毒：由阳光中的紫外线伤害皮肤所致，引起皮肤细胞中营养物质变性，排毒功能丧失，黑色素代谢失调。令皮肤发黄变黑，产生色斑、过敏性皮炎等问题。

那么，如何排毒呢？别着急，让美容小能手来给你支几招：

深呼吸，全世界有最清新氧气

皮肤是人体最大的排毒器官，皮肤上的汗腺和皮脂腺，能够通过出汗等方式排除其他器官无法解决的毒素。肺脏则通过呼吸排除各种废气。合理地运动能加快人体新陈代谢，促进皮肤和肺脏排毒。

每天清晨起床后，到小区附近公园里到处走走。此时公园里的空气最新鲜，很适宜做深呼吸。首先放松整个身体，用指尖轻轻触及腹部；接着用鼻子缓缓吸气，指尖可以感觉到腹部鼓起，直到整个腹部充满气体；让气体在腹部停留4秒钟，再用嘴慢慢呼气。这样的深呼吸可以有效地清除肺部毒素。做完深呼吸，再沿着水池小径快走或慢跑几圈（也可以选择其他自己喜欢的运动，只要是有氧运动就行），直到身体微微出汗，回去歇一小会儿，喝杯温热的水，再舒舒服服地洗个澡，吃个丰盛的早餐，悠悠然上班去也。当然，这一系列"享受"要有一个必要的前提：早睡早起。否则，上班都要急急忙忙，哪还有工夫进行晨练呢？

素食是身体的"清道夫"

食物对身体的重要性毋庸置疑，但很多人也许不知道许多食物也有排毒作用。下面就给各位女性朋友们列举一二。

富含膳食纤维的食物：膳食纤维有可溶性膳食纤维和不溶性膳食纤维两种。可溶性膳食纤维主要含于燕麦、大麦、豆类，以及苹果、香蕉、葡萄、杏等果胶含量较高的水果中。这类纤维可以像海绵一样，吸

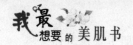

附肠道内代谢废物以及随食物进入体内的有毒物质，并及时排出体外，缩短有毒物质在肠道内的滞留时间，减少毒素吸收。不溶性膳食纤维主要含玉米、糙米、红薯等粗粮，以及韭菜、芹菜、菠菜、萝卜叶、竹笋等蔬菜中。这类纤维像一把刷子，可以扫掉黏藏在肠壁上的毒素和有害菌，使大肠内壁保持光滑，有利于食物残渣快速、通畅地排出体外。

利尿果蔬：主要有西瓜、甜瓜、冬瓜、黄瓜、菜瓜、大白菜、生菜、莴笋等，这些新鲜水果和蔬菜不但利尿去燥，还都是碱性食物，可以中和代谢废物产生的酸性体液。另外，多喝清热解毒的绿豆汤，同样有利于排尿、解毒。

菌类：黑木耳、香菇、银耳、草菇、蘑菇等菌类都有清洁血液、解毒、增强免疫功能的作用，能有效清除体内代谢废物，并可降血压、降胆固醇、防止血管硬化。

绿茶：夏天的时候，不妨每天坚持至少喝两杯绿茶，或者直接嚼绿茶叶。绿茶中含有维生素E和维生素C，维生素C除了有卓越的美白功能，同时也是给细胞排毒的高手，可加速细胞的新陈代谢，减少自由基的产生，防止毒素侵袭肌肤细胞，维生素E可以防止肌肤衰老。

洁肤，给毒素最直接的排出通道

肌肤排毒最基本的方法就是让毛孔通畅。被油脂、污垢阻塞的毛孔无法顺畅排除毒素，所以，每天做好彻底清洁是最最基本的一条。如果这一条都做不到，再多的方法也都没用。每周进行一次蒸汽浴或桑拿能加快新陈代谢，排毒养颜。在桑拿浴前喝一杯水可加速排毒，浴后喝一杯水可以补充水分，并且帮助排出剩下的毒素。另外，在桑拿前后做一些简单的有氧运动也可加速血液循环和身体代谢，让排毒效果加倍。

记得一位皮肤专家曾说过："尊重皮肤，皮肤才会给你更好的回报，真正好的护肤方式值得你付出更多的耐心和关注。"皮肤会记得你的每一点努力。只要你真心对它，它就会给你超值回报。与众姐妹共勉。

排除精神毒素，做快乐自由人

每个人都有喜怒哀乐，人一旦心情出现明显变化，就会产生负面情绪，人体就会紧张，从而进入应急状态。所谓应急状态，一般关注的可能只是肾上腺的反应，但真实的表现，却是牵动着全身的反应，包括人体的肌肉、神经、血液循环、语言等。实际上人的语言存在某种特定的模式，这种模式的背后，隐藏着身体的缺陷，也就是说，身体的缺陷，会引起语言表达上的特征（这是因为表达不同的语言，所需要的能量不同）。反过来讲，表达方式的改变，也可以帮助对身体产生正面的影响。

那么，到底有哪些精神毒素呢？又怎么去除毒素呢？

【赶走压力】

压力大或情绪急剧转变会刺激人体一种叫可的松的激素分泌，这种激素会压抑人体的免疫能力，降低体内垃圾和毒素的排除效率，甚至癌细胞就容易产生了。据美国哈里斯调查中心最新发布的数字，60%～90%的疾病都与压力有关，而且将近一半的都市人感到，各种压力使他们的健康状况越来越差。压力成为白领们失去健康的罪魁祸首。

【排毒攻略】

（1）当我们意识到自己因压力过大而烦躁时，就必须直面自我，及时调衡自己的心态，而不可任其肆意泛滥，以免发展成为一种周期性或习惯性的情绪。

（2）了解压力来源，你可以列一张清单，把你认为带给你压力的事情按轻重缓急来排序。

（3）量力而行，不要期望值太高。把近期无法达成的目标或不重要的任务从清单中删掉。

（4）明白任何事情都不可能尽善尽美的道理。

（5）要给压力找一个发泄。

【远离抑郁】

抑郁症通常表现为长时间情绪低落、闷闷不乐或悲伤欲绝，对日常生活失去兴趣，精神委靡不振，失去自信。心理上的忧郁常常会带来功能上的失调。其外在症状上表现为失眠、疲劳、无精打采、冷漠和性欲丧失，严重者甚至会出现自杀等极端自残的念头。

患上抑郁症后，人体免疫功能下降，生理机能减退，社会交往、工作和生活能力也随之下降，也就是人们通常所说的"人体内在功力"缺乏，提不起精神。

大部分人认为忧伤常常伴随着沮丧，对男性却未必这样。传统上却要求一个男人独立处理自己的问题，而不鼓励他把自己的情感表达出来，或是寻求帮助或抚慰。他们许多人长期压抑已成为习惯，这使他们经常恼怒而烦躁，而不像女人那样想办法把自己弄得舒服些，以缓解自己焦虑的心情。处于忧虑中的男人正相反，他们和亲朋好友在一起对痛苦避而不谈，而在行为上却有暴力倾向，常常把妻子、孩子和同事当做出气筒。

【排毒攻略】

（1）通过心理调节维持心理平衡。

（2）多与人交流，尤其多交乐观活泼的朋友。

（3）下班后泡泡热水澡，与家人、朋友聊天。

（4）不同的阶段找不同的事做，制定合适的短期目标，每做完一件事就停下来充分享受完成任务的成就感。

（5）晒太阳提神。在上午接受日照半小时，对经常处于委靡状态、有忧郁倾向的人很有效。

（6）每周远离喧嚣的都市一次。郊外空气中，负氧离子浓度较高，能调节神经系统。

（7）对于抑郁症，一些心理自我疗法非常管用，必要的话可以看看心理医生。

（8）如果是深度抑郁，到医院进行药物治疗。抑郁症是一种病，就像是心脏病、流行感冒一样，可以被治好。

【赶走焦虑】

焦虑已经成为现代人普遍的心病。有人甚至说，当代就是一个焦虑的年代。这不仅仅是对未来莫名的担忧而引起的紧张状态，而且是杞人忧天的虚无幻想，对危险进行无限放大，感觉生活周围危机四伏，以致于风声鹤唳、草木皆兵，明知没必要如此不安，但已无法自我解脱。而这些并非来自真实环境而是来自内心的威胁，心理学上称之为"心理炒股"，所以焦虑症还包括强迫症、恐惧症、创后障碍等症状。

人人都有焦虑情绪，有的还十分严重，不过通过自我调节和与人沟通，大部分人都可以恢复正常。但是如果焦虑心情持续三个月以上，并伴随着失眠、心慌、头痛、困倦、食欲不振、精神委靡、坐立不安、记忆力减退、植物性神经系统紊乱等症状，就是焦虑症了。焦虑症必须要找心理医生进行治疗。

【排毒攻略】

（1）尽力去适应环境，多换几个角度去看问题。

（2）把所有的精力都集中在今天要干什么，现在要干什么上。杞人忧天对事情无任何帮助。

（3）暂停思考，停止猜想，多去感受。

（4）多参加慢跑、打高尔夫球等体育运动。

（5）正确对待自己，明确可以实现的目标，不自卑、不自傲。

（6）正确对待别人，处理好人际关系。

【摆脱心理疲劳】

心理疲劳是不知不觉中潜伏在人们身边的一个"隐形杀手"，它不会一朝一夕就置人于死地，而是像慢性中毒一样，到了一定的时间，到了一定的"疲劳量"，就会引发疾病，引起慢性疲劳综合征。慢性疲劳综合征是一种脏腑功能紊乱，精、气、血耗损引起的虚劳症。

医学心理学研究表明，心理疲劳是由于长期的精神紧张、压力、反复的心理刺激及恶劣的情绪逐渐形成的。它一旦超越了个人心理的警戒线，致使这道防线崩溃，各种疾病就会乘虚而入。在心理上会造成心理

障碍、心理失控，甚至心理危机，表现为紧张不安、动作失调、失眠多梦、记忆力减退、注意力涣散、工作效率下降，等等；在精神上会造成精神委靡、精神恍惚，甚至精神失常；在身体上则会引发一系列躯体疾病如偏头痛、高血压、缺血性心脏病、消化性溃疡、支气管哮喘、月经失调、性欲减退，等等。

【排毒攻略】

（1）开怀大笑是消除疲劳的最好方法，也是一种愉快的发泄方式。

（2）劳逸结合，张弛有度。不能一直处于高强度、快节奏的生活中。

（3）找出自己精力变化的规律，合理安排每项活动。

（4）不要害怕承认自己的能力有限，学会在适当的时候对一些人说"不"。

（5）夜深人静时，不妨自言自语，然后酣然入梦。

（6）做错了事不要自悔自责，错了就错了，继续正常生活和工作。

（7）放慢节奏，留些时间休闲娱乐。

【哭泣排毒】

美国明尼苏达州的生化学家佛瑞做过一个有趣的实验，让一批自愿者先看动人的情感电影，如果被感动得哭了，就将泪水滴进试管。

这项有趣的实验结果显示，因悲伤而流的"情绪眼泪"中，蕴涵着儿茶酚胺。儿茶酚胺是一种大脑在情绪压力下会释放出的化学物质，过多的儿茶酚胺会引发心脑血管疾病，严重时，甚至还会导致心肌梗死。所以，当我们落下"情绪眼泪"时，排除的是有可能致命的"毒"。

眼泪，是情绪的宣泄，也是疏解压力的灵丹妙药！哭泣不是软弱的表现，研究证明，想哭而强忍着不哭，容易导致忧郁症，并且危害生理健康。

下次当坏情绪来袭，就让这些坏情绪随着眼泪一起解放，也许你可以发现内心深处真实的自我。

第十一章

美肌小食谱，完美肌肤吃出来

　　药补不如食补，食物是人体生命活动中的主要物质来源，因此，有针对性地选择好食物，并且长期食用，就会越吃越健康，越吃越美丽。只要身体健康了，靓丽的肌肤自然会不请自来了。

吃出来的"白雪公主"

东方女性大多以白皙红润的肌肤为美。其实，美白护肤不仅仅在化妆台上，还在厨房里、在餐桌上。因为一个女人的肌肤白嫩，除先天因素之外，与后天的饮食也有很大的关系。美白不能只做表面文章，内在的补养也很重要。有些食品中含有一些神奇的成分，可以促进皮肤新陈代谢，保持肌肤白皙水灵。

1.柠檬

含有丰富的维生素C的柠檬能够促进新陈代谢，延缓衰老，美白淡斑，收细毛孔，软化角质层并令肌肤有光泽。

2.荔枝

中医认为，荔枝能"益人颜色"。适量食用，可促进毛细血管的血液循环，有美白肌肤的功效。

3.西红柿

西红柿含有丰富的天然抗氧化剂，它们是体内多余的超氧自由基的"天敌"。而清除体内多余的超氧自由基能减少黑色素的生成，从而使皮肤白嫩，黑斑消退。

4.苹果

苹果除含有较多的胡萝卜素、维生素B、维生素C外，还含有较多的镁，能使人皮肤健美、红润、有光泽，还能清除面部的黄褐斑、蝴蝶斑等。

5. 白萝卜

中医认为，白萝卜可"利五脏，令人白净"。常吃白萝卜能降低黑色素的形成，使皮肤白皙细嫩。

6. 黄瓜

黄瓜含有大量的维生素和游离氨基酸，还有丰富的果酸，能清洁美白肌肤，消除晒伤和雀斑，缓解皮肤过敏，是传统的养颜圣品。

7. 冬瓜

冬瓜含微量元素锌、镁。锌可以促进人体生长发育，镁可以使人精神饱满、面色红润、皮肤白净。

8. 大枣

民间有"一日吃三枣，终生不显老"的说法。研究表明，吃枣确实可以防止色素沉着。

9. 豆浆

豆浆在体内分解时，可产生抑制黑色素合成的亚油酸，进而减少黑色素的分泌，让肌肤保持白皙。

10. 坚果

常吃坚果能保持肌肤润泽，减少黑色素生成，有助于美白。

11. 洋葱

洋葱富含维生素C和尼克酸，能促进表皮细胞对血液中氧的吸收，有利于细胞间质的形成并增强细胞的再生能力，使皮肤保持洁白、丰满、光洁。

美白小食谱：

1. 番茄菠萝汁

材料： 菠萝2片，番茄1个，蜂蜜与冰开水适量，柠檬汁少许。

做法： 将菠萝、番茄、水与蜂蜜一起倒入果汁机搅拌，过滤后即可饮用。

2.黄瓜粥

材料：大米100克，鲜嫩黄瓜300克，精盐2克，生姜10克。

做法：将黄瓜洗净，去皮去心切成薄片。大米淘洗干净，生姜洗净拍碎。锅内加水约1000毫升，置火上，下大米、生姜，大火烧开后，改用小火慢慢煮至米烂时下入黄瓜片，再煮至汤稠，加入精盐调味即可。一日两次温服。

❀ 猪蹄汤

猪蹄能美容？相信不知道猪蹄神奇功效的人会对这个问题不屑一顾。

此方摘自《医方类聚》，用以祛风活血，润燥滋阴。准备猪蹄1个，桑白皮、川芎、葳蕤、白芷、茯苓各90克，商陆、白术各60克。以水3斗，煎猪蹄及药，取1斗，去滓，备用。每温1盏、洗手面。

本方为滋养性的美容方，用后可使皮肤光滑鲜嫩，洁白细腻，从而达到美化容颜及抗衰老的目的。《本草纲目》谓猪蹄，"煮清汁，洗痈疽，渍热毒，消毒气，去恶肉"。猪蹄煮汁，黏腻润滑，滋阴除皱。现代研究认为猪蹄富含蛋白质、脂肪等营养物质及胶原成分，可改善皮肤的营养状况，增加皮肤弹性，消除皱纹，防止皮肤衰老。方中其他药物如白芷、桑白皮者当慎用。

❀ 竹荪的美容秘籍

竹荪为山珍之首，不但味道鲜美，营养极其丰富，而且还具有防腐治癌的功效。"中国的竹荪在四川，四川的竹荪在竹海"。由此可知，蜀南竹海是竹荪的发源之地。

说起竹荪，还有一段动人的传说。且说竹海里有一蔡姓山民，夫妇勤劳善良，男樵女织，相亲相爱。

有一年久旱无雨，土地龟裂。夫妇二人整天开山引泉，救活了不少干渴得濒临死亡的竹木和动物。但由于日夜劳作，妇人原本美丽的脸颊生出许多病癣，痒痛难忍，原本美丽的肌肤也变得面目全非。

一天夜里，风雨交加，电闪雷鸣，男人照例又身披蓑衣出去巡山护林。夜半，忽见得挂榜岩下烟雾腾腾，火光冲天，原来是雷电引燃了干枯的山林。男人当下大声呼喊并奋力扑救，众乡亲寻声赶来，终于把山火扑灭，男人却被浓烟熏瞎了眼睛。送走了众乡亲，看着床上痛苦辗转的丈夫，想起今后生活的艰难，妇人忍不住失声痛哭。迷迷糊糊中不知过了多久，却看见柴门"吱呀"一声自己开了，整个院子顿时祥光方丈，有位雍容端庄的妇人手托净瓶款款而来，两个眉清目秀的童子紧侍其后。妇人认得那是观世音菩萨，便立即拜伏在地，不敢抬头。只听得菩萨柔声说道："你命中本有此劫难，念你夫妇平时乐施善德，守护山林有功，我将助你二人渡过此劫难。明日去竹林走一遭吧。"妇人欣喜若狂，连连磕头谢恩，不料一下碰到面前的竹桌子边，醒了，原来刚才做了一个梦。

妇人将信将疑，很是奇怪，忙叫醒男人。原来男人刚才也做了一个同样的梦，于是夫妻二人更觉奇怪。第二天，妇人起了个大早，换上洁净的衣服，提上香烛贡献，搀扶着男人往竹林深处赶去。好不容易走到擦耳岩下，只见得峭壁千仞，古藤老树若隐若现；飞瀑九叠，凌空而泻七彩斑斓。绝壁之上，有一神秘洞宇流光四溢却陡不可攀，似有似无的丝竹声，在幽谷缭绕回旋。夫妇俩明白，这里一定便是仙姑所在的地方，无奈却无路可寻，只得就地净手焚香，遥遥叩拜，虔诚祷告，之后抱憾而归。返回的路上，妇人却发现路边楠竹旁有一朵特别的菌子，奇香扑鼻，形状独特。"莫不是仙姑给我的？"妇人心中一动，却没敢说出来，与男人小心翼翼地把菌子掘出来，带回家中煮吃了。

不久，妇人的病痊愈了，男人的双目也终于重见天日了。

从此，人们便把这种菌子称为"竹荪"，因其神奇的美容保健功能

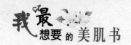
赢得了广大民众的喜爱。

竹荪是寄生在枯竹根部的一种隐花菌类，形状略似网状干白蛇皮，它有深绿色的菌帽，雪白色的圆柱状的菌柄，粉红色的蛋形菌托，在菌柄顶端有一围细致洁白的网状裙从菌盖向下铺开，整个菌体显得十分俊美，色彩鲜艳，稀有珍贵，被人们称为"雪裙仙子"、"山珍之花"、"真菌之花"、"菌中皇后"。竹荪营养丰富，香味浓郁，滋味鲜美，自古就被列为"草八珍"之一。

竹荪是名贵的食用菌，又是医学上的新秀，历史上被列为"宫廷贡品"，近代作为国宴名菜，同时也是食疗佳品。竹荪营养丰富，据测定，干竹荪中含有粗蛋白19.4%、粗脂肪2.6%，可溶性无氮倾倒物总量占60.4%，其中菌糖4.2%、粗纤维8.4%，灰分9.3%。竹荪对脸部溃疡、病痘有良好的疗效，能够减肥强身和美容保健，还具有特异的防腐功能，夏日加入竹荪烹调的菜、肉多日不会变馊。

知心小提示：

我们平时可以用竹荪来炖鸡汤——鸡腿剁块，洗净，放入滚水中氽烫去腥，捞起，备用。竹荪洗净，用清水浸泡，去伞盖与杂质，切段儿；蛤蜊浸淡盐水吐沙，洗净。鸡肉、姜片加5～6碗水，以大火烧开后改小火慢炖，约炖30分钟，再将竹荪和蛤蜊加入续炖，至鸡肉熟烂、蛤蜊开口，加盐调味即可。

❀ 番茄的美容秘籍

据说几百年前，番茄还是默默无闻的。秘鲁有个姑娘患了贫血症，加之失恋的痛苦，就想吃一种有毒植物来自尽。谁知她吞吃了传说中有巨毒的番茄果实以后，脸色却红润了，再吃就更加红润，后来她不但没死，反而恢复了健康，变得更漂亮了。

番茄果实含有十分丰富的蛋白质、脂肪、碳水化合物、胡萝卜素及维生素B_1、维生素B_2、维生素C等，其中能够美容的维生素C含量相当于西瓜的10倍，简直是一个维生素的仓库。它还含有促进青少年生长发育的钙、磷、铁等矿物质，以及抑制细菌生长的番茄素。有了这些因素，那个秘鲁姑娘不长得健康、漂亮才怪哩！

近几年来，科学家发现，番茄中还含有一种抗癌、抗衰老的物质——谷胱甘肽。临床测定，当人体内谷胱甘肽的浓度上升时，癌症的发病率就明显下降，所以多吃番茄，可预防子宫癌、卵巢癌、胰腺癌、膀胱癌、前列腺癌等，同时还可推迟某些细胞的衰老，可降低血压，预防夜盲症、牙龈出血等。

由于食用番茄有这么多好处，欧美发达国家几乎每个家庭都吃番茄，目的就是为了防癌、抗病、美容。

知心小提示：

吃番茄时，要讲究吃法。生吃不抗癌、不抗病，因为番茄中含有番茄素，它和蛋白质结合在一起，周围还有纤维素包裹，要加温到一定的程度才能释放出来。所以番茄炒鸡蛋、番茄蛋汤、番茄烧豆腐、番茄炒肉、炸番茄都是营养丰富的美味佳肴。

胡萝卜的美容秘籍

明朝医学家李时珍常常到深山去采药。有一次，他遇到一位鹤发童颜的采药老夫，就和这位老人攀谈起来。原来，这老人是隐居在深山里

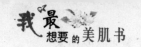

的老隐士，虽年过百岁，却眼不花、耳不聋，脸部细腻光滑，身体非常健康。当李时珍问他有什么养身护颜之道时，老人指了指竹篓里的胡萝卜说："喏，就是常常吃这胡萝卜烩木耳。"老隐士的话给了李时珍很大的启示，回到家后，他反复实验后证实，经常食用胡萝卜对人体健康非常有益，尤其是美容养生。

胡萝卜又称黄萝卜，是一种营养丰富、老幼皆宜的菜蔬，誉称"小人参"。胡萝卜中最负盛名的成分就是胡萝卜素——这是一种黄色色素，一百多年前在胡萝卜中首先发现的。胡萝卜每100克含1.35～17.25毫克的胡萝卜素，远比其他蔬菜多，是土豆的360倍，是芹菜的36倍。胡萝卜素进入人体被吸收后，可转化成维生素A，所以胡萝卜素又叫维生素A原。可贵的是，胡萝卜虽经煮蒸日晒，其中的胡萝卜素损失都很少。

经常食用胡萝卜，对身体有很多好处：一是增强免疫力，抗癌防病。如果人体内缺乏维生素A，不仅对眼睛和皮肤的影响很大，而且抵抗力差，易发生呼吸系统和泌尿系统疾病。倘若常吃胡萝卜，满足人体对维生素A的需要，不仅能养眼、养黏膜，不容易得夜盲症和感冒，而且能增强人体的抗病能力；加上胡萝卜含有大量的木质素，也有提高机体抗病能力的作用，可以减少和防止癌症的发生。据英、美癌症研究机构经过二十多年观察后断定，经常吃胡萝卜及其他富含维生素A的食物的人，比起不常吃此类食物的人，得肺癌的几率要减少40%。二是美容、健身。维生素A的另一作用是维持人体上皮组织的正常机能，使其分泌出糖蛋白，用以保持肌肤湿润细嫩，所以经常食用胡萝卜，可保持光彩照人的年轻形象。另外，胡萝卜含有芥子油和淀粉酶，能促进脂肪的新陈代谢，防止过多的脂肪在皮下堆积而发胖，保持体态健美。因此，美国人认为胡萝卜是美容菜，可以养头发、养皮肤、养黏膜。现在欧洲人常吃胡萝卜糕点，连俄罗斯也吃胡萝卜饺子了。我国也有喝胡萝卜饮料、胡萝卜苹果美容果汁的，但一般是将胡萝卜炒、烧、炖、煮做菜食用。

❋ 猴头菇的美容秘籍

　　猴头、燕窝、鱼翅是驰名中外宴的席上的名贵菜肴，猴头菇是黑龙江的特产。关于猴头的由来和美容保健功效，民间盛传着这样一个故事：

　　相传，在很早以前，广东有个名叫吴三公的人，因夺妻之恨杀死了一名七品知县。他逃跑在外，路过一个集镇时，走进一家酒店进餐。见两个公差模样的人走进店堂向伙计嚷道："堂倌，抓两只猴子来，开开荤。"广东人有吃活猴脑子的习惯。

　　不大会儿工夫，那伙计牵来两只小猴。他拉开带圆孔的夹子桌，把猴子夹在上面。两只受惊的小猴，猴头在桌面上挣扎着，小眼睛眨巴着，"吱吱"地哀鸣，伙计拿来凿子、尖锤刚要凿开小猴的头盖骨时，吴三公站起来向两个公差说："二位客官，把这两只小猴转卖给我吧！"

　　两个公差把吴三公上下打量一番，说："穷酸，你肯出十五块银元吗？"

　　吴三公从褡裢里拿出十五块银元，放在桌面上。两个公差互相看看，按价扔给伙计两块银元，干赚十三块银元到旁的铺面去了。

　　后来，吴三公闯关东带着猴子躲进了黑龙江的深山老林。居住游猎在山林中的鄂伦春族、鄂温克族、达斡尔族人，从来没看见过这种像人形又能站着走的猴子。吴三公就让两只小猴给他们做出各种把戏、怪相。好客的少数民族，用手把肉、荞面饸饹、穄子米饭团来招待吴三公。

　　吴三公从此就以耍猴为生。有时挖几棵山参卖掉来填补衣物。天长日久，他和两只猴子建立起了感情。有一次，吴三公在挖山参时，被毒蛇咬死了。达族头人沃根领土图老人带领村落里的人，把吴三公埋葬在山上两棵最高的松树中间。两只猴子分别蹲在两棵树的枝丫上，望着主人的坟堆，发出哀哀的啼声。人们向树上喊叫，用食物引诱，它们也不下来。这两只猴子不吃也不喝，终日啼鸣不止。不久，双双死在了树上。

后来，这两棵树上分别长出了两个猴头。山里人传说这就是现在的猴头蘑。采山的人都知道，只要你发现一个猴头蘑，你顺着它对脸的方向找，另一棵树上一定也有一个同它对脸长着的猴头蘑。新鲜的猴头蘑长着绒绒的黄毛，五官俱全，跟猴脑瓜一模一样。

人们都以为吴三公有神性，就在吴三公遇难的地方修建了一个寺庙。

有一次，山上爆发瘟疫。很多人的身上长满了皮癣，并且有溃疡的趋势。山民们都没有办法，只好求助于土地神吴三公。拜了几日，一点变化都没有，吴三公没有给任何指示。正在人们绝望之际，山里的树上忽然长满了猴头菇。人们竞相传告这一"奇迹"——吴三公终于显灵了。

人们采摘猴头菇回家煎药吃，终于度过了瘟疫期，身上和脸上的病癣终于不见了，姑娘脸上恢复了往日的容貌，甚至比往昔更加美丽。

后来人们习惯了食用猴头菇，于是猴头菇便成为了这一带山民桌上的美味。

随着现代科学技术的发展和临床试验反复证明，猴头菇的药用价值又有了新的内涵。猴头菇的美容药用价值主要表现在抗衰老，同时猴头菇能够保持人体机能的活力，能使人体产生抵抗力，从而起到美化肌肤、去除顽癣的作用。

知心小提示：

我们平时买的干猴头菇适宜于用水泡发而不宜用醋泡发，而且泡发时在将猴头菇洗净后，最好先放在冷水中浸泡一会儿，再加沸水入笼蒸制或入锅焖煮，这样效果更好。另外需要注意的是，即使将猴头菇泡发好了，在烹制前也要先放在容器内，加入姜、葱、料酒、高汤等上笼蒸后，再进行烹制。

 女性冬季吃什么最养颜

现在有不少白领丽人、漂亮女性，由于常年与办公室为伍，和计算机结亲，工作压力大、神情紧张，这些情况导致了她们肠胃功能失调，过于消瘦或过于肥胖，泄泻难止，便秘不解，令许多女性朋友为之伤神易容，很是让人烦恼。将火麻仁研碎与大米文火慢熬成粥，每日饮用，即可解此烦恼。火麻仁味甘性平，补中益气，长肌肉、润肠胃，内含不饱和脂肪酸、蛋白质、维生素B$_1$、维生素B$_2$、卵磷脂等，营养成分十分丰富，加入大米熬粥调养胃气最佳，最适合日常食用，或作为冬令进补前的"开路剂"之用。

蜂蜜

蜂蜜采百花之精，有"女性美容圣药"之美称，经常食用蜂蜜可使人"面如桃花"。冬季皮肤干燥缺水少油，而蜂蜜中含有各类丰富的生物活性物质，能改善皮肤的营养，保持皮肤的细嫩光滑。特别是蜂蜜中含有47种微量元素，如锌、铁、钙、镁、钾等都为人体健康美容所必需。所以它不仅赢得东方人的喜爱，在西方也备受青睐，据传西方医学鼻祖——古希腊的希波克拉底就长期食用蜂蜜而长寿至107岁。蜂蜜既可单独食用，也可与阿胶、红枣、龙眼肉、胡桃、枸杞子等制成补膏服用。

红枣

红枣是中医补益剂中的常用药物，具有健脾、益气、生血、滋养脏器和肌肤的作用。经测定红枣中维生素含量为百果之冠，被人誉为"活维生素丸"。医学研究证明：维生素C能抑制皮肤中多巴醌的氧化作用，减少黑色素的形成，预防色素沉着。维生素A的重要功能之一是激活和调节表皮细胞的生长，抗角化，所以补充维生素A有助于改进皮肤的水屏障特性，如同时配合维生素E使用可延缓和逆转皮肤的衰老。维生素E则有"青春素"的美称，具有抗氧化和清除自由基的作用，并促进皮肤组织

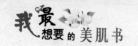

的血液循环。B族维生素有调节皮脂腺分泌的作用。

核桃、芝麻

核桃民间又称长寿果，有强身健脑、养颜益容之功。据说慈禧太后年老而面容不衰，即与常食核桃肉有关。黑芝麻中含有丰富的胱氨酸和维生素B、维生素E，可增加皮脂分泌，改善皮肤弹性，保持皮肤细腻，被日本学者称为改变皮肤粗糙的最佳食物。芝麻和核桃中含有丰富的维生素E、不饱和脂肪酸，能营养大脑、皮肤，延缓衰老、滋补养颜，并迅速补充体力。若将核桃肉和黑芝麻研碎合用，真可谓珠联璧合，相得益彰，称得上事半功倍。用脑过度、神经衰弱、体虚疲乏、皮肤干燥者食用尤好。

南瓜子、花生、猪皮

雌性激素是维持女性生理机能和健美的重要物质基础，如雌激素水平过低就将导致月经失调，甚至于闭经，并影响到皮肤、乳房、形体的健美。最新科学研究发现，在南瓜子、大豆等植物中就存在着一种类似雌性激素的物质成分。李时珍在《本草纲目》中称南瓜子能"补中益气"，由此看来确非虚言。如女性朋友中有激素水平偏低者，不妨以南瓜子食补，一试其效。

是女人都不想一马平川，拥有"太平公主"这个难堪的称号。胸部平坦很重要的原因就是体内雌性激素水平偏低，乳腺营养不良，此时不妨以花生猪手煲汤一试。猪蹄中含有丰富的胶原蛋白，而胶原蛋白有补血通乳之功效，中医常用于产后催乳。花生含有人体所必需的八种氨基酸，丰富的脂肪油以及钙、铁、维生素E等营养物质，对女性也有催乳、增乳作用，两者合用会给"太平公主"们带来意外的惊喜。该膳食还能润滑肌肤，对预防皮肤干燥、皱纹、衰老大有益处。

冬季气候寒冷干燥，汗液和油脂分泌功能抑制，皮肤缺水少油，失于滋润，出现干燥、皱纹，甚至发生皲裂。滋润皮肤是女性的首要任务，最佳的选择莫过于常食猪皮。《神农本草经》称猪皮能"和血脉、润肌肤"，科学研究发现：猪皮中含有大量维持皮肤储水功能所需的胶原蛋白和硬化蛋白。常食猪皮能增加蛋白质的摄入量，防止皮肤缺水，保护皮肤的弹性，预防皮肤松弛和皱纹的出现。而且猪皮中脂肪含量仅为猪肉的1/2，长久食用却完全不必担心身体发胖。中医在女性服用的进补膏方中一般都喜爱使用阿胶，阿胶系黑驴皮，由泉水熬制而成，营养成分与猪皮相似，是一味女性使用频率最高，且具有滋阴补血、养颜护肤的天然保健药物。

✿ 顺应时节的食物最养颜

小宋是我关系很好的一个大学同学，她家里富裕，为人也大方爽快。记得在学校那会儿，我天天跟着她混，在冬天里跟她一起吃西瓜、桃子，夏天我们就去吃火锅。日子过得那叫一个奢侈。现在回过头来想想，不禁长叹：如果那会儿我不吃反季节的东西，现在没准更漂亮。

其实我没有随口说大话，吃顺应时节的食物才是最养颜的。然而现如今，青菜水果一年四季都不缺，本应夏天才有的东西冬天也能吃到，从一定意义上讲这给我们的生活带来了方便，但也让很多人失去了季节感，割断了身体与自然之间的那种微妙的联系。

中医理论认为，人以天地之气生四时之法成，养生要顺乎自然应时而变。其实不仅养生，养颜也要顺应四时，不同的季节吃不同的食物。俗语中的"冬吃萝卜夏吃姜"说的就是这个理儿。

应季的食物往往最能应对那个季节身体的变化。比如，夏天虽然热，但阳气在表而阴气在内，内脏反而是冷的，所以人很容易腹泻，所以要多吃暖胃的姜；而冬天就不同，冬天阳气内收，内脏反而容易燥热，所以要吃萝卜来清胃火。如果我们不分时节乱吃东西，夏天有的东西冬天吃，这很可能在需要清火时却吃下了热得要命的东西。另外，反季节的瓜果蔬菜中大部分都含有化学成分，吃完之后，化学品的残余就会积累在身体里，伤害我们的肝肾。

因此，为了养颜，吃东西就要吃应季的。

美丽食谱：杨梅、西红柿、李子等含维生素丰富，适合夏季食用。梨能润肺除燥，适合秋季食用。冬季适合吃羊肉、狗肉等富含热量的食物。

美颜方：在西红柿中加入少许蜂蜜，涂于脸部、双手、双臂，能使皮肤白皙、细腻，并可有效地去除粉刺。

有人内心中不免有疑问：《黄帝内经》里说：春夏养阳，秋冬养阴，这是不是说秋冬就不用养阳了？

从字面上很容易产生这样的误解。实际上，春夏养阳、秋冬养阴的根本目的就是保养人身阳气这个人体生命的原动力。

对于人体来说，阳代表能动的力量，即机体生命机能的原动力。阳化气，人们把阳和气连起来叫阳气。阴代表精、血、津液等营养物质，即机体生命机能的基本物质。阴成形，通常又把它叫做阴液。阴液是有形物质，濡养了人体形态的正常发育及功用；而阳气是人体生存更重要的因素，由阳气生成的生命之火，是生命的动力，是生命的所在。阴所代表的精、血、津液等物质的化生皆有赖于阳气的摄纳、运化、输布和固守，只有阳气旺盛，精血津液等物质的化生以及摄纳、运化、输布和固守才有依赖。只有阳气的能动作用，才能维持人体生命的正常功能。这就是阳气在人体的能动作用，它不仅主宰了人的生命时限，而且还确定了人体五脏六腑的功能状态。所以，不论何季，"养阳"是非常重要的。

✿ 樱桃最适合女人吃

春末夏初，颜色红润的樱桃开始大量上市。它不仅颜色好看，对于女性朋友来说，多吃还能起到美容和预防妇科疾病的作用。

樱桃自古就被叫做"美容果"，中医古籍里称它能"滋润皮肤"、"令人好颜色，美态"，常吃能够让皮肤更加光滑润泽。这主要是因为樱桃中含铁量极其丰富，每百克果肉中铁的含量是同等重量的草莓的6

倍、枣的10倍、山楂的13倍、苹果的20倍，居各种水果之首。

　　铁是合成人体血红蛋白的原料，对于女性来说，有着极为重要的意义。世界卫生组织的调查表明，大约有50%的女童、20%的成年女性、40%的孕妇会发生缺铁性贫血。这首先是由生理特点决定的：青春期女孩生长发育旺盛，机体对铁的需求量大，加上月经来潮，容易发生缺铁性贫血；妊娠哺乳期的妇女要供给胎儿或婴儿营养物质，对铁的需要量也大大提高；老年妇女胃肠道吸收功能减退，造血功能衰弱，也会导致贫血的发生。其次，很多女性不喜欢吃肉食，造成营养不均衡，也是导致缺铁的一个重要原因。因此，多吃樱桃不仅可以缓解贫血，还能治疗由此带来的一系列妇科疾病。

　　中医认为，樱桃具有很大的药用价值。它全身皆可入药，鲜果具有发汗、益气、祛风、透疹的功效，适用于四肢麻木和风湿性腰腿病的食疗。

　　买樱桃时应选择连有果蒂、色泽光艳、表皮饱满的，如果当时吃不完，最好保存在-1℃的冷藏条件下。樱桃属浆果类，容易损坏，所以一定要轻拿轻放。另外，樱桃虽好，但也注意不要多吃。因为其中除了含铁多以外，还含有一定量的氰甙，若食用过多会引起铁中毒或氰化物中毒。一旦吃多了樱桃发生不适，可用甘蔗汁清热解毒。同时，樱桃性温热，患热性病及虚热咳嗽者要忌食。

❋　润肤护肤汤

【蜜瓜响螺瘦肉养颜汤】

　　材料：蜜瓜、响螺、瘦肉各适量。

　　制法：烧开半煲水，将清洗干净的蜜瓜、响螺、瘦肉放进去，待再次煮沸后改中煲2～3小时，最后放入适量的盐调味便可。

　　功效：有滋润养阴之功效。对肌肤干燥、脱皮的人效果最明显，能令肌肤重现光泽，补充肌肤失去的水分。

【黄豆排骨汤】

材料：陈皮1.5克，排骨300克，黄豆150克，姜1小块。

制法：1.排骨清洗干净后切成小块，用开水氽烫，然后取出。

2.在锅内注入适量的清水，再将所有的材料放入锅内煮滚后，改用小火煲15分钟。

3.加入适量的盐等调味品，盛于汤盆内即可食用。

功效：有益气、润燥、消肿、滋补身体、滋润肌肤之功效。

【胡萝卜核桃浓汤】

材料：胡萝卜250克，去壳核桃50克，高汤200毫升，香菜1棵，牛奶100毫升，黄油10克，盐、胡椒、奶油各适量。

制法：1.胡萝卜洗干净后切成小的滚刀块，核桃切成小块。

2.将黄油放入锅内加热，再把胡萝卜块用中火炒至变软。

3.胡萝卜块被炒烂后盛至容器中捣碎，再放回锅内，加入高汤和核桃块用中火煮。

4.最后加入适量的牛奶、食用盐、胡椒调味，在沸腾前将火关灭，盛到容器中，倒上生奶油。

功效：对于皮肤粗糙有很好的疗效，可以让肌肤由内而外变得光滑。

【地仙润肤汤】

材料：山药500克，杏仁300克，核桃肉300克，新鲜牛奶600克。

制法：1.将杏仁置于清水中浸泡1个小时，然后去皮，放至容器中捣成烂泥。

2.将核桃肉去衣膜后，放至容器中捣成烂泥；将山药加工成细末后，过筛取粉，然后将牛奶、杏仁、核桃、山药同时放在瓶内，加盖密封，用旺火隔水煮1个小时，待冷却后放置一天，第二天即可开盖取汁饮用。

用法：每天3次，每次3汤匙，空腹服用，用温糯米酒调服。

功效：有益气益脾、润肺滋肾、丰肌泽肤之功效。对体质较虚弱、皮肤较粗糙者，有很好的疗效。经常服用，可达到润肤的目的。

【熟地黄芪羊肉汤】

材料：羊肉750克，当归头20克，白芍15克，熟地、黄芪各50克，生姜3片，红枣5枚。

制法：1.羊肉洗干净后切成块，用开水烫过。

2.红枣去核，当归头切片，白芍、熟地、黄芪、生姜均洗干净。

3.将所有材料放至锅内，加适量清水，用武火煮开后，改用文火煲约3小时，最后加入适量作料调味即可。

功效：自古以来羊肉除了被人们日常食用外，还常作为药用，是食补的常用佳品。当归、白芍、熟地是常用的补血佳品，当归配白芍，有补养肝血的功效；当归配熟地，又能养血滋肾；三味合用，滋阴养血、润色养颜。黄芪性味甘、微温，能补气升阳固表，是益气护肤养颜之佳品。如今市场上已有"黄芪霜"美容制剂，有润泽肌肤、美化容颜的功效。黄芪与当归、白芍、熟地相配，能双补气血，起到养颜护肤的作用。生姜能去除羊肉中的膻味，它与红枣都能健脾益胃，有利于滋补容颜。这些材料合为汤，共奏温补气血、固表养颜之功。

【慈姑木耳汤】

材料：慈姑320克，干木耳40克，姜5克，盐3克。

制作：1. 慈姑去皮，用清水洗干净后切成厚片。

2. 用清水将木耳泡起来，直至发大，之后清洗干净，撕成小块，放入开水中煮5分钟，捞起来再用清水冲洗。

3. 爆香慈姑及木耳、姜片，调味后将素汤煲开，再用文火煲半个小时左右，直至慈姑、木耳软透即可。

功效：黑木耳中含有丰富的铁，所以，常吃木耳能养血驻颜，令人肌肤红润，红光满面，还可防治缺铁性贫血。

【三黑团鱼汤】

材料：黑芝麻50克，团鱼1000克，黑枣10枚，黑豆150克，生姜1

片。

制法：1. 将团鱼放至开水中，让它将体内的尿液排除干净之后，清洗干净，并去除内脏。

2. 将黑芝麻、黑豆放至锅中，不要加油，不停地翻炒，直到豆衣裂开。

3. 生姜去皮，清洗干净后切成片，在沙锅内加入适量清水，煮沸后将所有的材料放进去，用中火炖约3小时，加入适量精盐，即可饮用。

功效：团鱼的腹板称为"龟板"，是一味相当名贵的中药，有滋阴降火之功效。龟板胶是由大分子胶原蛋白质所组成的，它含有皮肤所需的各种氨基酸，因此有养颜护肤、美容健身的功效。

❀ 增白嫩肤汤

【丝瓜美白汤】

材料：丝瓜、冬瓜各100克，蜂蜜适量。

制法：丝瓜清洗干净后切成段；冬瓜去皮，清洗干净后切成块；将二者放入锅内，加适量水，先用大火煮开后改小火煮半个小时，捞出丝瓜、冬瓜，加适量蜂蜜即可。

功效：丝瓜虽然味苦。但它含有大量的黏液与瓜氨酸等多种成分，具有清热、解毒、化痰、凉血、美白之功效；冬瓜含有蛋白质、糖类、粗纤维、钙、磷、铁、胡萝卜素、硫胺素、核黄素、尼克酸等多种成分，因此，常饮此汤能起到消淤、美白之功效。

【四物乌鸡美容汤】

材料：乌骨鸡1只，当归、芍药、参须、黄芪各20克，枸杞子15克，生姜4片，香菇3朵，盐、葱适量。

制法：1. 当归、川芎、白芍、熟地清洗干净后，均切成薄片，放入布袋中；香菇切成片。

2.把乌骨鸡与放入布袋中的中草药一起放入沙锅中，加入约4大碗的清水，用武火煮沸后，捞去浮沫，放入姜片，转至文火，直到鸡肉和骨骼软烂方可调味，并捞去药包、姜片即成。

3.可依个人喜好加入适量的调味品。

功效：这款美白养颜汤对于面色苍白、四肢冰冷无力、容易感冒的女性来说，不但可改变肤色，还可强身，特别是在每月例假前后食用，则还有滋补调经的功效。乌骨鸡性平、味甘，有补五脏、益气养血的作用，其所含的黑色素（这里所指的黑色素与令你变黑的黑色素是完全不同的），入药后能使人体内红血球和血色素增生。当归性温、味甘辛，有补血、活血等作用；川芎性温、味辛，有活血行气之功效。此类佳品合用，不但有补血、滋阴、养肝功效，而且在血气不足、面部苍白时，能改善面部肌肤的血液循环，为你的皮肤增添一抹健康的颜色！

【润肤美白汤】

材料：何首乌、沙参、薏仁各15克，玉竹20克，蜜枣3枚，猪肺一副或猪肉250克，盐适量。

制法：1.何首乌、沙参、薏仁、玉竹清洗干净备用。

2.猪肺（或猪肉）飞水，用8～13碗清水煮沸，将所有的材料放进去，用武火煮15分钟，再转文火煮100分钟；或是用武火煮15分钟后，倒入汤锅煮8个小时，加盐调味后即可食用。

功效：玉竹又称女萎，被列为中药之上品，《神农本草经》上谓其"久服去面黑子，好颜色、润泽"。此汤具有滋阴养肺、生津、润肤、美颜、补肝益肾的作用。皮肤粗糙、面部发黑的人应经常饮用。

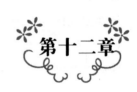

第十二章

古代美女的养颜秘方——美色娇容艳醉人

　　古代袅袅婷婷的佳人令人心驰神往。但是我有一个疑惑至今滞留心中：她们是怎样保持自己容颜的？浩瀚的古籍里，有关美容的论述丰富而深刻。在本章中我们就为您翻翻古代美人的化妆包，让现代的女性朋友们看看古代美人是怎么呵护第二张脸的。

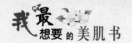

❀ 庞三娘美容方

　　唐代名伶庞三娘，直到中年仍神采飞扬，丰姿不减，如同妙龄少女一般。她的美容秘方是以珍珠粉、云母石粉、绿豆粉、麝香、冰片与蜂蜜调配为面膏，用以搽面。珍珠粉、云母石粉和绿豆粉的比例为1：3：5，冰片少许。珍珠为美容要药，李时珍《本草纲目》中说：用珍珠粉"涂面，令人润泽好颜色"。

知心小贴士：

- -

　　凡用做美容的珍珠，以新取为好，不可用已作为首饰或陪葬出土的。珍珠粉的制法是取新鲜珍珠洗好，用细棉白布包好，放沙锅中加水与豆腐同煮两小时，取出珍珠后捣为细末，再加水研磨，干燥后就可以使用。云母石粉可用滑石粉完全代替，麝香仅起调香作用，可以不加。有条件的可以加自己喜欢的精油调香。

- -

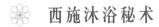

西施沐浴秘术

西施是古代的四大美女之一。据说，西施的美貌和婀娜的身材与其使用的沐浴香露有关。

据传，由于天生皮肤娇嫩，又是处于南方湿热的环境中，西施幼时曾经罹患皮肤疾病，出现皮肤泛红、全身乏力的症状。这可急坏了西施的父母，他们四处求医，终于求得一位名医前来给西施诊治。原来，西施得了罕见的"越水毒"。越水流域初春或深秋时节，在水边上生长着一些寄生虫，当地人习惯称之为"水毒"。其实这种寄生虫对人体危害较小，只有一些体质娇弱的人才会被感染。

名医给西施开了一剂药，要求采取沐浴的方式治疗。经过短暂的治疗，西施摆脱了"越水毒"的病痛。而由于这味药在沐浴水中散发出独特香味，让西施渐渐迷恋上了。由此便形成了用它来沐浴的习惯。

此方是用猪苓香、威录仙、茅藿香、香草、干荷叶各2两，再用甘草、白芷各半斤，研碎，取3～5两装入疏布袋中，会同前面的药品一起煎水，在无风的地方每日用此水洗1次，经过1个月以后，肌肤就会变得芳香润泽，妍丽多娇。此方不但对闺中佳人有益，而且还可以治疗恶疾。

淘米水洗脸

早在中国的古代，民间女子就很喜欢用淘米水洗脸和敷面，因为浸满了米麸的淘米水，不仅可以使面部皮肤变得白皙，还能去除面部的多余油脂。

在中国的民间至今流传着这种古老而简便的美肤方法，在第二次世界大战物资短缺的年代，淘米水也曾被用来当做肥皂的代替品，因为它洗净力适中，质地温和，更能使肌肤白皙光洁。研究显示，米麸中含有

丰富的维生素A、维生素E、B族维生素和氨基酸等营养物质。亲和性极强,渗透力直达肌肤底层,不仅保湿肌肤,更能防止色素沉积,美白肤色。

❀ 《红楼梦》中的养颜秘方——茯苓霜

《红楼梦》第60回中详细介绍了茯苓霜(碾碎的白茯苓末)的服法:"第一用人乳和着,每日早起吃一盅,最补人的,第二用牛奶子,万不得,滚白水也好。"

白茯苓味甘、淡,性平,能祛斑增白、润泽皮肤,还可以增强免疫功能,扩张血管。现代临床研究也表明,茯苓中含有大量人体极易吸收的多糖物质,能增强人体的免疫功能,对久病、体弱、老年人均有帮助。

其中某些成分如茯苓次聚糖等还对癌细胞有抑制作用,长期服用可促进癌症患者化疗、手术后的康复。

❀ 李清照的"宠物"——杏仁面脂

杏仁面脂药方始于南宋,据说李清照曾是这一药方的忠实"用户"。

李清照随"南迁"队伍由历城逃亡南方,在此过程中进过河南一个小村子。村里遍植杏树,此时正值初春,杏花灿烂,美不胜收。李清照当时虽心情抑郁,但也不禁为这满目的杏花春色所陶醉,于是策马进入这个"桃花源"般的村子深处。让李清照惊奇的是,村中妇女容貌个个犹如这杏花般美丽素雅。与村民交谈中,李清照终于知道了这其中的原委——原来,村里盛行用杏仁美容,并自制了杏仁美容方子。李清照偶得此方，便一生享用。

此方选自《太平圣惠方》，成分：杏仁200克，白附子末90克，密陀僧、胡粉各60克，白羊髓2.5克，珍珠末3克，白鲜皮末30克，鸡蛋白7枚，酒3升。将杏仁汤浸去皮、尖，入少酒，研如膏，再下鸡蛋白研一百遍，再下羊髓研二百遍，后以诸药末纳之，后渐渐入酒，令尽，都研令匀，于瓷盒中盛。每夜以浆水洗面，拭干涂之。

本方是以杏仁为主制成的面脂膏。杏仁苦温润燥，能"除肺热，治上焦风燥"（《珍珠囊》）。肺与大肠相表里，面部皮肤的粗黑不泽往往与肺热肠燥关系密切，故杏仁常被用以治疗各种皮肤疾病及悦泽面容，《本草纲目》记载该药可治"面上皯疱"，杏仁中含有丰富的苦杏仁油成分，对皮肤有滋润营养作用。白附子善祛风化痰，亦为祛黯除黯的常用药。密陀僧具有金黄色的金属光泽，能美化容颜，消肿收敛，用治"诸疮肿毒、鼻破、面黑"（《本草正》），对皮肤真菌有抑制作用。胡粉即为铅粉，粉质细腻滑润，用之可磨蚀斑痕，嫩肤除皱。白鲜皮有清热燥湿止痒之功，为治皮肤风疹、疥癣之要药，用于方中可未病先防，使皮肤保持健康光洁。珍珠富于光泽，能除面黑，嫩肤泽颜，有较强的美容修饰效果，自唐代用于面药、澡豆之中，历时千年，经久不衰。白羊髓和鸡蛋白作为面脂的赋型成分，可加强药物的滋养作用，使皮肤嫩白红润。本面脂富含油脂，故尤其适合干性皮肤者使用。

❋ 埃及艳后的美容秘诀

埃及艳后克里奥佩特拉七世女王是历史上有名的美女，有着令人难以抗拒的美貌和风情万种的仪态。这位埃及绝世佳人凭借其美丽，不仅暂时保全了一个王朝，而且使强大的罗马帝国的帝王纷纷拜倒在其石榴裙下，心甘情愿地为其效劳卖命。

从古埃及的金字塔里，人们发现了埃及艳后独特的美容秘方的记载：其倾国倾城的美貌得益于橄榄养颜术！每天早晨，她总是很细致地把

特制的橄榄油和橄榄叶捣烂后取其汁再配以蜂蜜、珍珠粉等擦遍全身，使皮肤变得非常白嫩光滑，令其在39岁时还像个15岁的少女！

✿ 永乐公主的蒺藜

唐玄宗李隆基之女永乐公主，虽然生在宫廷，生活条件极为优越，但自幼瘦弱多病、面容干涩无光。经一民间医生指点，永乐公主以当地产的一种蒺藜研碎泡茶饮服，身体逐渐好起来，后来竟出落得如花似玉，异常健美。

我国现存最早的药学专著《神农本草经》中说："久服（蒺藜）长肌肉，明目轻身。"李时珍则称其可"补肾，治虚损劳乏"。

中药上用的蒺藜叫做"硬蒺藜"，这种蒺藜是干旱区的特产植物，长江以南地区（雨量丰沛区）少见此植物。在中国北方有："蒺藜秧路边长，身上痒痒喝二两"的民间谚语，对不明原因的皮肤过敏有奇效。

✿ 元宫皇后的菜花粥

此方出自《御药院方》，是元朝皇后专用的美容秘方之一。将粳米约50克，与红糖适量一起放入锅中，加水文火煮粥，待粥稠时加入鲜菜花约50克，熬到表面见油，早服晚食。

菜花为十字花科芸苔属，《罗氏会约医镜》曰："芸苔花捣敷乳痈丹毒，皮肤皱纹，其效如神"。现代营养美容学家则发现，菜花含有多种维生素、胡萝卜素及铁、钙、镁和磷等矿物质，故而对细腻肌肤、驻颜悦容皆有奇效。

我们来自制一道菜花粥：取鲜菜花50克，粳米50～100克，红糖适量，加水500克文火煮粥，待粥稠时，加入菜油，表面见油为度，早晚服。